若田光一

一瞬で判断する力

私が宇宙飛行士として
磨いた7つのスキル

日本実業出版社

まえがき　組織で起こる問題はどこでも同じ

板挟みにあう「課長」のような立場

宇宙飛行士は特殊な職業だと思われるかもしれない。

しかし、たとえば、私がＮＡＳＡ（アメリカ航空宇宙局）宇宙飛行士室のＩＳＳ（国際宇宙ステーション）運用ブランチのチーフとして、所属する宇宙飛行士たちのマネジメント業務をしていたときに直面した問題は、どこの会社のどの管理職でも抱えるようなことと、根本的な部分は変わらないと思う。


地上で訓練中の宇宙飛行士からは……。

「この訓練はあまり意味がないと思う。実施の是非を再検討してくれないか？」

「なぜ一生懸命やっているのに、こんな人事評価になるのか？」

一方、ＩＳＳに滞在中の宇宙飛行士からは……。

「物資輸送機の打ち上げの遅れで、心底楽しみにしている僕の大切な嗜好《しこう》食が地上から届かない。士気が下がるな」

「土曜日の休日を使って物資輸送機への貨物の積み込み準備を行なえば、疲労困憊《ひろうこんぱい》で、翌日の日曜日のロボティクス運用や水曜日の船外活動、大切な実験実施時の作業能率にも悪影響を与える。無理して休日に作業することが本当に妥当な判断なのか？」


現場と管理部門の間にできる溝、セクションの対立、主張の違いも、組織、チームとしての価値観の共有を図りつつ、ソフトな着地点を模索しなければならない。ＩＳＳ運用ブランチチーフの私の立場は、一般の会社で言えば、上と下から板挟みにあう「課長」のような立場だったかもしれない。

ときには根回しも必要だし、軸がぶれない程度なら妥協もする。長引く会議も多い。多くの宇宙飛行士たちが所属する部門長の立場としては、彼らの不平不満を聞いてやり、叱咤激励《しったげきれい》しながらやる気を出させ、プライドを傷つけないようアドバイスもする。

ＪＡＸＡ（宇宙航空研究開発機構）やＮＡＳＡも多くの人間が集まる集団だ。組織で起こる問題は、関係者個々の心理状態や、集団としての士気の維持を常に意識しつつ、置かれた状況に応じて適切に対応し、解決していかなければならない。

だが、コンピュータのプログラムを変更したり、部品を変えたりすることで解決できる単純なものではないからこそ、大きなやりがいを感じるとも言える。

ある1通のメールから、新たな道が広がる

そんなマネジメント業務に勤《いそ》しんでいたある日、１通のメールを受け取った。

「第38次、第39次のＩＳＳ長期滞在ミッションに君を任命することが決定した。また第39次滞在ミッションにおいては、コマンダー（船長、司令官）を担当してもらうことになった。近日中にプレスリリースと記者会見を行なうことになる。準備をよろしく」

ＮＡＳＡ宇宙飛行士室のＩＳＳ運用ブランチチーフとしてのマネジメント業務と宇宙飛行士としての訓練を継続していた私は、ＪＡＸＡの当時の上司である有人宇宙技術部長の柳川孝二氏から連絡を受けた。

２０００年にＩＳＳの長期滞在飛行が開始されて以来、クルー（乗組員）を指揮するコ

マンダーは、アメリカ人とロシア人が代わる代わる務めてきた歴史がある。そのなかでESA（ヨーロッパ宇宙機関）のベルギー人1名と、カナダ人1名もコマンダーを務めたことがあったが、日本人のコマンダー就任はそれまでなかった。

もっとも、日本人宇宙飛行士としての私がISSコマンダーを担当できる機会を得られたのは、ひとえに国際宇宙ステーション計画における日本の実績と、国際パートナー各国から得た信頼の積み重ねが生んだ結果である。

ISSにJAXAが開発した「きぼう」日本実験棟は、2009年7月の軌道上組み立て完成後、着実にシステムの運用を継続しながら、実験や観測などの利用成果を創出し続けた。さらには、ISSの補給機「こうのとり」も2009年9月の1号機から連続5回のISSへの物資補給ミッションを成功させ、有人宇宙活動における海外からの日本への信頼は確固たるものとなった。

日本の有人宇宙飛行は、1992年に毛利衛《まもる》宇宙飛行士がスペースシャトル（2011年退役）の「ペイロードスペシャリスト（搭乗科学技術者）」として搭乗した宇宙飛行において、まず宇宙実験の分野から本格的に始まった。それ以来、スペースシャトルのシステム全体の運用を担当する「ミッションスペシャリスト（搭乗運用技術者）」や、ソユーズ宇宙船の「フライトエンジニア」、さらにＩＳＳの長期滞在クルーとしてのフライトエンジニアとその担当任務といったように、宇宙飛行士の役割も拡大してきた。

そして、今回初めて日本人がクルーのリーダーであるコマンダーを担当できる機会を獲得できたのだ。私は、日本人宇宙飛行士のチームが築き上げてきた有人宇宙活動の歩みを振り返りながら、自分に与えられた任務の重大さに身も心も引き締まる思いがした。

「ありがとうございます。ミッション成功に向けて尽力します」

日本のつくばにいる上司にヒューストンからメールで返事をしたとき、その後に経験するであろう多くの試練への予感と同時に、ミッションを必ず成功させてみせるのだという自信がみなぎってくることを実感した。

ＩＳＳのコマンダーを担当することは、日本の有人宇宙活動においてエポックメイキングな出来事でもある。日本人宇宙飛行士がＩＳＳのコマンダー任務を成就できることを世界に証明するためにも失敗は許されない。そのプレッシャーがよい意味での緊張感を生み出し、日々の仕事での充実感にもつながっていった。

コマンダーとして宇宙へ

２０１３年11月７日午後１時14分（日本時間）、カザフスタン共和国の草原地帯に建設されたバイコヌール宇宙基地から、ロシアの宇宙船ソユーズに乗り込んだ私は、４度目の宇宙飛行へと旅立った。

大気を切り裂きながら上昇するソユーズロケット。その先端に搭載された小さなソユーズ宇宙船にアメリカとロシアのクルーとともに乗り、ロケットエンジンの推力による加速感を全身で感じながら、地上の訓練で何度も繰り返してきた、打ち上げ上昇時のソユーズ宇宙船の各システムの運用に集中していた。

そして、その緊張のなかにあっても、宇宙での新たな任務とともに再び宇宙の無重力環境へと足を踏み入れることに深い感動と感謝の気持ちを感じていた。

私が向かった先は、地上からの高度が約４００キロメートルの地球低軌道を飛行するＩＳＳ。１９９８年に宇宙での建設が始まり、13年の月日をかけて２０１１年に完成した、宇宙空間における人類史上最大の構造物だ。

ソユーズ宇宙船は打ち上げから６時間ほどでＩＳＳに到着する。私は２００９年に約４か月半、ＩＳＳで日本人として初めての長期滞在ミッションを経験した。それから約４年後、再びＩＳＳに訪れることになったのだが、ソユーズ宇宙船がＩＳＳにドッキングした瞬間、まるで出張で長らく空けた元の職場に帰ってきたような気分になった。

ＩＳＳにおける１８８日間の滞在中、地上の訓練では予期しなかった出来事も起こった。また、コマンダーとしての65日間は、準備を重ね習得してきた、さまざまな局面のなかで適切なリーダーシップを行使するよう努めた。真に充実した時間の連続だった。「和のリーダーシップ」を心がけ、うまく指揮できたと思うこともあれば、一方では次の機会へ向けて教訓とすべき反省点もある。

そして、２０１４年5月14日午前10時58分（日本時間）、ＩＳＳでの6か月を超える長期滞在ミッションを終え、私は再びソユーズ宇宙船に乗って地球に帰還した。宇宙船のハッチが開き、地球の空気を久しぶりに吸い込んだ。

人生は、小さなことの積み重ね

振り返れば、航空会社の機体整備のエンジニアから宇宙飛行士という仕事に転職したのは24年前。その間、宇宙飛行士という職業を、私は常に試行錯誤しながら全力投球で務めてきた。

24年前に宇宙飛行士候補者として選抜された直後から、NASDA（宇宙開発事業団／JAXAの前身）、そしてJAXAの宇宙飛行士として、ヒューストンのNASAジョンソン宇宙センターの宇宙飛行士室に勤務してきた。

ふだんのNASA宇宙飛行士室での勤務は、朝7時半くらいに出勤し、日中はNASAでの訓練や会議、デスクワークをこなし、午後6時から8時くらいはJAXAのヒューストン事務所でつくば宇宙センターの関係部署との電話やビデオ会議などを行なう。それが終わって帰宅する、というのが典型的なワークスタイルだ。

しかし、いったん宇宙飛行にアサイン（任命）されると、訓練業務に専念することになる。訓練自体もヒューストンだけではなく、日本のつくば、ロシアのモスクワ、ドイツのケルン、カナダのモントリオールなどのISS参加国の訓練施設への出張も頻繁にある。それゆえ、長期出張で家族と離れて生活する時間もかなり増える。

ISS長期滞在飛行に向けた訓練は、宇宙で起こり得るさまざまなケースに対応すべく行なわれる。宇宙船や宇宙ステーションの各システムの運用操作、船外活動、ロボットアームの操作訓練、さらに宇宙でのさまざまな実験や観測などの宇宙利用ミッションの訓練も含めて、ロケット打ち上げの約2年半前から膨大な時間をかける。

また、宇宙飛行士の資質維持の向上を目的とした、高性能小型T‐38ジェット練習機による航空機操縦訓練、山や雪原、砂漠や洞窟、海上、さらには海底基地をも活用した、サバイバルやリーダーシップ能力を習得するための野外訓練も行なわれる。

宇宙飛行士の仕事は、まさに訓練に明け暮れる日々と言えよう。宇宙飛行士の仕事場は、さまざまなリスクが潜む宇宙という過酷な環境である。そこで力を発揮するための支えとなるのが、地上での地道な訓練だ。

私が宇宙飛行士候補者、そして晴れて宇宙飛行士として認定されたあとも、これまでの月日は決して順風満帆《じゅんぷうまんぱん》ではなかった。多くの失敗もしてきたし、たくさんの悔しい思いもしてきた。

そんな私の宇宙飛行士としての人生を支えてきたものは何だったのだろう？　あらためて考えると、たぶんそれはそのときどきで、できる小さなことを一歩一歩積み重ねてきたことが今につながっているように感じている。

本書では、私が宇宙飛行士の仕事を通して得た教訓、出会った先輩や同僚から得た知恵のなかで、読者の方の日常の仕事や生活に役立つと思う事柄をまとめた。

そして、タイトルにもある「一瞬で判断する」ために必要なことを、「想像する」「学ぶ」「決める」「進む」「立ち向かう」「つながる」「率いる」という7つのキーワードからひも解いた。

一瞬で判断するための訓練の話もあれば、なかには長期的な判断が必要とされるものもある。だが、「一瞬で判断する」というのは、それまで自分が培ったスキルをフル活用した総力戦とも言える。だから、本書にはすぐに活用できるスキルもあれば、時間や経験とともに血肉になるものもある。

読者の皆様が、この本のなかから何か1つでも人生で活かせることがあれば、とてもうれしく思う。

若田光一

2016年8月

一瞬で判断する力

目次

まえがき　組織で起こる問題はどこでも同じ……1

第1章
想像する

「先を読む力」は鍛えられる……18
不確定要素はできるだけ少なくしておく……22
違和感を大事にする……27
常に「最悪の状況」を想定しておく……31
訓練は本番のように、本番は訓練のように……37

第2章
学ぶ

先人の言葉に耳を傾ける……44

愚かな質問はない……51
先入観が足かせになる……57
緊急時は、記憶よりも記録を頼りにする……59
スピードや効率を意識しつつも、時間をかけた「きちんとした理解」……63
人は「自分のこと」ほど、わからない……66
「人間はミスをする生き物」という前提に立つ……72
繰り返さなければ、失敗は失敗でなくなる……78

第3章

決める

仕事は、「優先順位」を決めることから始まる……84
優先順位を決める3つのポイント……91
柔軟な軌道修正が「失敗しにくい行動パターン」を作る……96
自らの道は、自らで決める……100

第4章

進む

積み重ねた経験は、未来への投資……108
その時点で自分が出せるベストな答えで動く……114
トラブルはすぐに叩き、芽の小さいうちに摘む……119
「トンネルビジョン」に陥らず、「ビッグピクチャー」を意識する……125
あえて「安定」を避けてみる……129
走りっ放しでは息切れする……134
心と体のバランスをとる……139
「ストレスへの適切な対処」が結果を左右する……145

第5章

立ち向かう

プレッシャーと手をつなぐ……150

恐怖に正しく向き合う……158
ネガティブな気持ちと上手に付き合う……160
自分を認めてもらうために、できること……167
「先が見えないとき」の進み方……170
挫折したときは、「原点」に立ち戻る……174

第6章 つながる

「卵の殻」だけで人を判断してはいけない……180
コミュニケーションの基本は、簡潔・明快であること……186
建設的なコミュニケーションが信頼を生む……190
「怒り」や「不満」は、隠さず、溜めず、前向きに伝える……194
簡単に伝わらないからこそ、「相手への好奇心」が入口になる……198
「ユーモア」が持つ計り知れない力……201
「否定的な指摘」をしてくれる仲間を大事にする……204

第7章
率いる
私が憧れ続けたリーダー「ダフィー船長」……212
和のリーダーシップ……218
「そもそも、なぜこのチームはあるのか？」を忘れない……222
チームの意識は「ＴＨＥＹ」ではなく、「ＷＥ」に……226

愛する
あとがきに代えて……235

装丁・本文デザイン　轡田昭彦／坪井朋子
著者プロフィール写真　小川孝行
構成　岡田茂

第1章

想像する

Imagine

「先を読む力」は鍛えられる

ものごとを円滑に前に進めるために必要なのが「想像力」

「想像力」。それは誰の人生においても、またどんな局面においても必要とされる力なのではないだろうか。

想像力とは、何もアーティストが持っているような「クリエイティブなイマジネーション」を意味するだけではない。目標を達成するために、効率的なスケジュールを考える。クライアントや上司・同僚・後輩と円滑なコミュニケーションを図る。将来の危機管理をする……。

簡単な事務作業や日頃の何気ない人間関係においても、円滑に仕事を進めるには、**「ほんの少し先に思考のアンテナを広げる」という意味での「想像力」**が重要になってくるように思う。

宇宙飛行士になってからついた変な癖

とくに宇宙飛行士は、刻々と変化する状況を正しく認識し判断したうえで、常にその先へのアプローチを想像して行動しておかなければ、安全で確実な仕事ができない。「想像力」、これは私が宇宙飛行士になってから鍛えられた能力の1つだ。

ただ、それは能力というよりも、ある種の「癖《くせ》」のようなものにもなってしまっているかもしれない。宇宙飛行士は仕事を効率的に進めていくために、あるときはちょっと病的なまでに先の手順や状況を読みたくなってしまう職業癖のようなものがある。

おそらくそれは逃げ場のない宇宙空間が作業場である宇宙飛行士という仕事柄、危機管理ということに多大な注意を払っているからかもしれない。我々は目の前の作業に集中することも大切なのだが、その先で何かトラブルがあったときには迅速で的確な判断が求められる。

「先を読む」というのは、何も超能力のような特別な力ではない。ものごとを広くつぶさに観察して、その変化に注意を払い、そのなかでこの先に何が起こり得るのか、それがどう影響していくのか、その可能性を丁寧に考える作業と言える。つまり、**変化に気づく注意力と、その変化をどうとらえるかという洞察力が必要なのだ。**

そのためには、「現状」への観察力が欠かせない。まずは今ある目の前の状況を正しく把握することだ。

それに関して、私が宇宙飛行士になってからついてしまった変な癖がある。それは運転中などに見た風景や仕事場のデスクの状況を、ふとすると頭のなかであたかも写真に撮ったかのように覚えてしまうことだ。そして次の日にその場所の光景を見たときに、前日とどう状況が変わっているか、間違い探しのようなことを何気なくしてしまうことがある。

そんな癖も手伝って、ＩＳＳに滞在中は、自分の些細な精神状態や体調から、クルーの顔色、また船内で稼働する機械類の音（ＩＳＳには「ジーッ」など、かなり大きい音が四六時中している区画もある）、匂い（ＩＳＳはほとんど無臭なのだが）などにもできる限り注意を払っていた。また、鼻が詰まる感覚や軽微な頭痛などにも留意していた。船内の二酸化炭素の濃度が高くなるときの生理学的な変化は人それぞれだが、私の場合は軽微な頭痛として現れるので、それを二酸化炭素の濃度の変化の判断材料の1つとしていた。

なぜなら、**そこに以前と違った変化が見られれば、何か問題が起きているかもしれない**

からだ。もしかしたら、危機的な状態に至る過渡期的な状況を示している可能性もある。

1つひとつの変化を見逃さずに、その変化が全体にどういう影響を与えているのか、または与える可能性があるのか？　**今の状況、そしてその変化から考えられる一歩先の事象を、常に「If（もしも）」という視点でとらえることが**大切である。

はじめの一歩は、「今」をよく観察することから

不確定要素は
できるだけ少なくしておく

ちょっとしたミスが大事故につながりかねない職場

宇宙での作業において、私はスペースシャトルやＩＳＳのロボットアームの操作を数多く担当させてもらってきた。

ロボットアームで、日本の宇宙実験観測衛星「ＳＦＵ」、ＮＡＳＡの実験衛星「ＯＡＳＴＦＬＹＥＲ」、アメリカの民間宇宙企業スペースＸが開発したＩＳＳへ物資を運ぶ「ドラゴン」などの補給船をつかんだり、実験衛星を宇宙空間で放出したりもした。

また、ＩＳＳの姿勢制御システムや太陽電池パネルの基部構造、宇宙船がドッキングするポート、「きぼう」日本実験棟などをＩＳＳへ取りつけたり、宇宙飛行士をロボットアームの先端に乗せて船外活動のサポートをしたりと、ロボットアームが宇宙空間で活躍する場面は多い。

ロボットアームの操作は、回転用・直進用の2つの操縦かんを手動で同時に動かしながら、極めて慎重に行なう。そこでは、安全性と正確性、効率性が求められる。

ロボットアームや把持《はじ》された（握り持たれた）物体、あるいは捕獲すべき宇宙船などが誤ってISSの構造などに接触して、少しでも傷や穴を開けたりすれば船内の急減圧などの大事故につながりかねないからだ。

秒速8キロ（時速2万8800キロ）の超高速で飛行する輸送船を、同じく秒速8キロで飛行するISSから、監視カメラと目視を頼りに遠隔操作のロボットアームでつかむ。

これはたとえるならば、高速で同じ方向に走る2台の新幹線があり、それぞれの新幹線の窓越しから2人の乗客が手をつなごうとするようなものだ（実際には、新幹線の窓から手を出すことはできないが）。速度を合わせながら、ぎりぎりの距離まで近づけていき、慎重を期しながらもタイミングを逃さずに行なわなければならない。

想定外にも対応するためのルール

「ロボットアームの操作は難しいですか？」とよく聞かれるが、宇宙船やロボットアーム、船外活動用宇宙服などのさまざまな宇宙関連の機器やシステムは、航空機の操縦と同様に、所定の訓練を積んでいけば通常の操作自体は決して難しいものではない。通常の操作よりも、運用中に何かトラブルが起きたときの緊急時の対処のほうがずっと難しいのだ。

実際、ＩＳＳでは機器のトラブルが多い。私がＩＳＳに滞在したときもトイレや冷却システムなどの故障が相次いだ。そのため宇宙飛行前の地上の訓練では、実験器具やコンピュータ、熱制御、環境制御、姿勢制御などのシステムの不具合の発生時などを想定して、早急な対応が必要な事態における対処方法を学んでいた。

ＩＳＳのシステムは膨大であり、事前に想定されるすべてのトラブルに対応する訓練をする時間の余裕はなく、また宇宙では予期せぬ「想定外」の事態もあり得る。

宇宙でのミッションには、通常の運用手法に加え、トラブルが発生しても安全に任務を遂行するために必要な基本的な原理原則が文書化された、いわば「フライトルール」が存在する。

そして、このフライトルールに基づいて、実際の運用・操作の手順を記載した「手順書」がある。慎重な技術検討を経て「想定された」トラブルへの対処方法も手順書のなかに含まれる。つくばやヒューストンなどのＩＳＳ地上管制局のフライトコントローラー

（運用管制官）や軌道上の宇宙飛行士は皆、この手順書に従って通常のシステム運用を行ない、さまざまなトラブルを解決している。

そのため、勘や経験に頼ったり、お互いの意思疎通も「あうんの呼吸」だけで行なうことはない。常にフライトルールや手順書に立ち戻り、それを確認しながら行動する。

「たぶん」「ではないだろうか」では判断しない

ただ、宇宙では、フライトルールや手順書に書かれていないトラブルが起こることもよくある。また手順書には、通常何か1つのトラブルが起きたときに、別のトラブルも重なって起こる事態への対応に関しては記載されていないことが多い。

もし軌道上の宇宙飛行士が文書で規定されていない事態に遭遇した場合には、リスク評価と対応策に関する迅速なブレーンストーミングを地上の管制局が中心になって実施し、軌道上のクルーと連絡をとり合いながら問題を解決していくことになる。

また万が一、地上管制局との通信ができない状態になった場合に備えて、通信システムの復旧に関して、軌道上のクルーと地上の管制チームがとるべきアクションが手順書には明記されている。

つまり、たとえ複合的なトラブルが発生し、通信装置が故障して地上の管制局やクルー同士で意思疎通ができなくなっても、「たぶん」とか「ではないだろうか」という安易な勘や予測ではなく、可能な限り双方の動きが予知できる体制を整えているのだ。

このように、宇宙の仕事では不確定要素を最少化しておくことを徹底している。「備えよ常に」という言葉の意味を真摯に受けとめて行動することが求められている。

予想され得るあらゆるトラブルを可能な限り事前に洗い出し、そのトラブルに対応できるよう常に備えておくことこそが、仕事の基本となる。

備えよ常に

違和感を大事にする

ストレス環境下では、通常では起こらない事態が生じる

私がＩＳＳ第39次長期滞在ミッションで、コマンダーを務めたときに最も注意を払ったのが、仲間のクルーの健康状態や心理状態だ。

半年間という長期間、閉鎖空間であるＩＳＳ内で、国も習慣も違う６人の人間が肩を寄せ合い仕事をしながら共同生活する。

もちろん、それに備えて地上で一緒に訓練を行なう機会もあるが、クルーの交代は２～４か月ごとにソユーズ宇宙船で３人ずつのチームで行ない、ＩＳＳ内で一緒に生活するクルー全員が同時に打ち上がり地球に帰還するスケジュールにはなっていないため、地上で合同で訓練をする機会は緊急事態対応などの限られた訓練のみだ。

また、地上と実際の宇宙では心理的なストレスの度合いも異なる場合もある。地上での訓練や交流の機会を通してお互いのことはよく知った間柄になっていたつもりでも、より強いストレス環境下となる宇宙では、ちょっとしたコミュニケーション不足から何らかの誤解が生じてしまうこともある。

トラブルの可能性は、主観を排して読み取る

ＩＳＳ内は大きく、（日本、ヨーロッパを含む）アメリカ側モジュール（モジュールとは、ＩＳＳを構成する居住区や実験室などの建造物）とロシア側モジュールに分かれる。

私がコマンダーとしてＩＳＳの指揮権を引き継いだ際、アメリカ側の居住区でトイレが故障したことがあった。ただ、ロシア側の居住区にはトイレがもう1台、さらに緊急脱出用のソユーズ宇宙船にも容量は小さいがトイレがあったので、トイレの故障は非常に重要な問題なものの、２００９年のＩＳＳ長期滞在のときの経験から「修理作業は、ＥＶＡ（船外活動）準備などの緊急度の高い作業に比べてとくに急ぐ必要がない」とコマンダーである私は判断していた。

私はトイレの修理のために地上管制局側の専門家の故障解析を急がせたうえで、深夜に

至るまで軌道上のクルーが修理作業をするよりも、間近に迫っていた補給船のドッキング離脱の準備に備えて、夜は十分休息をとることのほうがミッション全体において優先度が高い、と考えていた。この判断には地上管制局も同意して、クルー全員にも伝えていた。ただ、クルーのなかには、アメリカ側の居住区のトイレが故障したままで使用できないことに大きなストレスを感じていた仲間がいたのだ。私は、その仲間がいかにこのトイレの故障を問題視していたかに、ただちに気づくことができなかったのだ。

そして事態は、合理性に関してクルーの一部と地上管制局側の見解の不一致にもつながった。有人宇宙飛行では、地上管制局と軌道上のクルーの信頼関係が維持されてこそ、運用チーム全体としての総合力が発揮できる。これはコマンダーとしての私の失敗であり反省点なのだが、やはり彼のストレスを正確に察してあげる必要があった。その同僚も地上管制局や私を含むほかのクルーの考えに対して、面と向かって直接的な意見が言えなかったかもしれないが、もしかしたら遠回しな言い方や表情で、何かを伝えようとしていたかもしれない。

私や軌道上のほかのクルー、地上管制局にとっては些細だと感じられたことが、彼にとっては大きな問題だったのだ。もう少し配慮して、本人の気持ちをきちんと把握できていれば、彼の心理的なストレスを高めることにはならなかったはずだ。

「違和感」を汲み取る能力

これは人間だけでなく、精密な宇宙機器やシステムにも同じことが言える。何かトラブルがあれば機械は必ず訴えているところがある。回転機構なら、通常にはない不調和音を出したり、温度が異常に高くなるとか、構造物であれば小さなヒビが入るとか、些細だがふだんとは異なる検査データが検出されるとか……。

人間だろうと、機械だろうと、問題があれば何かを訴えている。トラブルを伝える客観的な事実が出ているはずだ。そこをきちんと「違和感」として汲み取る能力は、システム運用（人間もミッションを遂行するためのシステムの一部としてとらえる）に携わる者にとって、大きなトラブルを未然に防ぐために大切である。

トラブルは起こる前に、何かを訴えていることが多い

常に「最悪の状況」を想定しておく

ISSで生命を脅かす3つの緊急事態

ISSのミッションは、「安全で確実な運用」を通して、ISSが持つ実験・観測能力を生かしてその利用成果を出していくことだ。しかし、緊急時には「生き延びる」ということが最大のミッションに変わる。

ISSでは、宇宙飛行士の生命を脅かす3つの緊急事態が想定されている。

1つ目は、隕石やスペースデブリ（宇宙ゴミ）などの衝突による船内の急減圧だ。実際に1997年、ロシアのミール宇宙ステーションでは、プログレス貨物機が手動による宇宙ステーションへのドッキング作業中に「スペクトル」という与圧モジュールに衝突して、船内が急減圧に陥る事態になった例もある。

ＩＳＳでは急減圧の事故は今まで起こったことはないが、２０１１年、古川聡宇宙飛行士がＩＳＳに滞在中、「スペースデブリがＩＳＳに衝突する可能性がある」と地上の管制局から指示が出て、脱出用のソユーズ宇宙船に避難した事態も起きている。だが、幸いにもこのときはデブリの衝突はなかった。

２つ目は、火災。ＩＳＳで実際に火災が発生した例はこれまでないが、火災に至る可能性があったケースはある。２００９年に、私が第20次長期滞在クルーとしてＩＳＳに滞在していたときに、ロシアの居住棟にある給湯装置のヒーターの温度制御装置が故障して、ヒーターが高温になり、煙が発生した。そして、その煙がロシアの居住棟に充満した例もある。幸いにも、火災という大きな事態には至らなかったが、その対処は緊張を要する作業であった。

３つ目は、有毒物質がＩＳＳの船内に漏れる状況だ。船外にある冷却用のアンモニアが熱交換器を介して船内に侵入した場合や、実験サンプルや電池などに含まれる有毒物質が船内で飛散するような場合などが想定されている。

宇宙飛行士はこれらの緊急事態への対応訓練を、地上でもかなりの時間をかけて、滞在するチームごとに行なっている。**とくにコマンダーは緊急事態に対してクルーを指揮し、限られた時間のなかで適切な対応をとっていかねばならない。**

緊急時の対応に関しては、手順書に厳密に記載されてはいるが、簡単に手順書通りの対応ができる状況にないときもあり、そんな場合に備えての訓練も行なう。訓練では、十分想定可能なシナリオを教官チームが導入する。

たとえば、ＩＳＳにいる６人のクルーが、ドッキングしている２機のソユーズ宇宙船にそれぞれ３人ずつに分かれ、お互いの顔が見えない状況下で、通信装置だけで連絡をとりながら緊急時の対応をするケース。有毒ガス用の防護マスクをかぶっているため音声が聴き取りにくいなかで、マイクを使って交信するケース。火災の進行を妨ぐために電源を遮断した暗闇の船内で、さらに吐く息でマスクのなかが曇って視界が非常に悪い状態で作業するケースなどがある。

また、ヒューストンを中心とした地上管制局が、ＩＳＳ各システムの詳細な状況のテレメトリ（打ち上げられた衛星や探査機の状態を示す信号）表示に基づいて、地上からの遠隔操作でＩＳＳ上の電源遮断などのシステム運用に対応してくれるケースなどもある。Ｉ

ＳＳでの緊急事態の対応には、ＩＳＳ内のクルーと地上管制局との綿密な連携が要求される複雑な作業もある。

さらに急減圧や火災が発生しているなか、クルーの誰かがケガをして動けなくなるというシナリオなど、より複雑で高度な応用編も徹底して訓練していく。

緊急時にこそ、メンタルの「備え」が重要になる

緊急時対応の統合訓練には、教官チームに加え、地上管制局の指揮者であるフライトディレクター（運用管制主任）や、クルーの健康を管理する「フライトサージャン」と呼ばれる航空宇宙医学の専門医師、有人宇宙飛行の安全・信頼性管理を専門とする技術者らも参加して行なわれる。

ＩＳＳは、「宇宙空間」というほぼ真空で、過酷な温度（極端な低温と高温）、放射線が飛び交うなどの環境にある軌道上を飛行しているため、生命維持、温度制御など人間が生きていくうえで必要なさまざまな機能を有している。

訓練の目的は、その複雑で巨大なシステムで構成されるＩＳＳ内で、緊急事態に遭遇しても、人命を守り、ＩＳＳの諸機能を維持していくために、**迅速かつ適切な状況判断をす**

る能力と、そして**冷静沈着に緊急度に応じた対処作業を誤りなく実行する能力**を習得することだ。

とくにコマンダーについて言えば、緊急時の対応訓練を通して、「このコマンダーについていけば安全に地上へ帰還できる」という安心感をクルーだけでなく、地上管制局のフライトディレクターや運用管制官の仲間にも持ってもらうことが重要になる。それがチームを結束させる信頼関係の確立につながっていくからだ。

何より、この訓練で獲得できる大きなメリットは、「**メンタルな備え**」という点だろう。緊急事態に対する事前訓練は、一般家庭での、地震や台風などの災害に備えて避難用具を準備して、対応を話し合っておくことと同じである。家族の病気やケガに備えて保険に入ることなどとも共通する危機管理対策だ。ＩＳＳでも、このような日々の備えが、もしものときでも精神衛生的に安定する。

本来の目的に集中するために、日頃から小さな危機管理をする

私がＩＳＳに滞在中、万が一の緊急事態へ備えるために、小さな危機管理対策として日々留意していたことがある。

たとえば、船内で急減圧が発生したときには、緊急時の手順に従ってハッチ（部屋と部屋をつなぐ扉）を迅速に閉める必要がある。そのため、ハッチを閉める場合に周辺に邪魔になるような障害物がないことを、ハッチ付近を通り過ぎるときなどに常に確認していた。また、火災が発生した際の消火用の二酸化炭素を注入するポートの上に、機器や物品保管用コンテナなどが覆っていないか、周辺で作業するときなども気をつけて確認していた。

これらは毎日の小さな危機管理のための心がけの例だが、その積み重ねが私にとっては精神的にいい緊張感を持続させ、万が一の事態が起こったときへの自信にもつながった。

ポジティブシンキングはもちろん重要だが、**ネガティブなリスクを予測して受け入れ、万が一の事態への危機管理対策をきちんと講じておくことで、本来の目的により集中できる**というものだ。

十分な危機管理によって、「今」に集中する心の余裕ができる

訓練は本番のように、本番は訓練のように

宇宙にいる時間よりも、地上での仕事のほうが圧倒的に長い

「宇宙飛行士」と言っても、実際に宇宙で仕事をする時間は限られている。私は宇宙飛行士の道を歩み出してから、かれこれ24年を迎える。その間、４度の宇宙飛行を経験したが、これまでの宇宙飛行士人生で宇宙にいた時間は通算３４７日間。つまり宇宙飛行士は、宇宙での仕事より地上での仕事のほうが圧倒的に長い、ということになる。

宇宙飛行士の場合、実際に宇宙に行ける機会は限られているので、本番の場数を積み重ねることは現実的に難しい。だからこそ、**地上での訓練の１つひとつが自分を成長させ、仲間との信頼関係を構築する場になる。**

宇宙飛行士が担当する地上での仕事には訓練以外にも、宇宙飛行のミッションを地上で

支援する業務や、スペースシャトルやＩＳＳなどの有人宇宙計画における開発や運用に関する多岐にわたる作業に宇宙飛行士組織の代表として参加したり、宇宙飛行士組織のマネジメントを行なうといった業務がある。また、宇宙機関のメッセンジャーとしての広報普及活動も宇宙飛行士の重要な地上での業務だ。

「いったい、いつ自分が宇宙飛行にアサイン（任命）されるのか」を知り得ないなかで、きたるべきミッションの本番で１００パーセントの力を発揮するために、地上での地道な訓練や業務を継続していかなければならない。

そしていったん、ＩＳＳの長期滞在ミッションへの搭乗が決定すると、宇宙へ向かう約２年半前からフライトに向けた本格的な訓練が始まる。

本番に向けて１００パーセントの力を発揮するために

ＩＳＳ長期滞在に向けた訓練は、日本のつくば、アメリカのヒューストン、ロシアのモスクワ、ドイツのケルン、カナダのモントリオールなどで行なわれる。その訓練内容や訓練時間はよく考えて練られており、実際に宇宙に行っても、「これは地上の訓練通りだ」ということがよくあった。

なぜなら、地上での訓練の内容は、バーチャルリアリティシステムや精密なモックアップ（実物とほぼ同様に作られた模型）を駆使するなどして、宇宙での仕事を可能な限りリアリティを持って模擬体験できるようによく工夫されているからだ。宇宙飛行士たちも、宇宙飛行という数少ない本番に向けて１００パーセントの力が発揮できるよう、日々の訓練をとても大切に考えている。

重要なのは、**「訓練を訓練と思って受けない」**ということだ。私は訓練も常に本番ととらえて取り組んでいる。それが限られた時間で行なう訓練から、最大の教訓を得ることにつながるのだ。課せられた仕事を地上でするか、宇宙でするかの違いだけなのである。

「最悪」を避けるための弛《たゆ》まぬ努力

有人宇宙飛行には、どこまでいってもリスクがともなう。重大なシステム異常やミスオペレーションが搭乗員のケガや死亡に直結する可能性が常に潜んでいる現場でもある。

しかも、それは宇宙飛行中のみにおける話だけでなく、雪山、海底、洞窟などでのサバイバルや集団行動リーダーシップ訓練、水中や真空チャンバー（減圧訓練装置）での船外活動訓練、T‐38ジェット練習機などによる航空機操縦訓練をはじめ、地上での訓練においても命の危険をともなうものは少なくない。

だからこそ宇宙飛行士にとっては、**地上での訓練と宇宙での本番を分けることなく、緊張感を維持して同様の心がまえで臨むことが不可欠と言える。**

私がNASA宇宙飛行士室のISS運用ブランチのチーフとして、地上の訓練やISSに滞在中の宇宙飛行士たちのマネジメント業務をしていたとき、所属する仲間の宇宙飛行士に対して一番留意していたのは、「死ぬな」「仲間を殺すな」ということだ。すなわち、宇宙飛行、訓練を問わず、「宇宙飛行士の安全」が常に最優先となる。

宇宙飛行士は自分の判断ミスや操作ミスで、自分や仲間を死なせる可能性は常にある。安全は水や空気のようにあって当然なものかもしれないが、常日頃から安全を維持するために弛まぬ努力を必要とするものでもある。

訓練のとらえ方によって、本番でのパフォーマンスは大きく変わる

どんな仕事でも、本番に向けた練習期間や準備期間があったりする。そのとき、**自分の取り組み方しだいで、本番と同様の緊張感や経験を持って臨むことはできる。**自分に与えられた訓練の機会の1つひとつをどれだけ大切にとらえ、どれだけ真剣にこなしたかによ

って、本番においてもたらされる結果も大きく変わってくる。

そうすることで、知識、技量、心理的にも、訓練の機会を最大限に生かした成果が本番に期待できるのではないだろうか。また、その積み重ねが場数となって、本番に向けての自信にもつながってくるはずだ。

もちろん、訓練の最初の段階では失敗することはあるし、逆に失敗したほうが、より強い教訓として、訓練の最終試験や本番の宇宙飛行に生かされることのほうが多い。失敗することで何を学んだかが重要なのだ。

本番で失敗しない人間に共通する点は、「失敗した訓練の次の訓練では、必ず問題点を改善してくる」ということだ。訓練をただの訓練ではなく、本番への場数として真剣に考えている証拠だと言える。

「いい緊張感」を維持していく

どんな些細な作業でも、ルーチンワークでも、自分に与えられた機会を大切にして、その1つひとつが目標達成への本番だという気持ちで毎日の仕事を確実かつ効率的にこなしていくことが、本当の意味で自分の力の向上につながるのだと思う。

私で言えば、ふだんのデスクワークや、ときには単調にも感じられる訓練、さらには講演などの広報活動業務に至るまで、それぞれの仕事の瞬間瞬間が、すべて「本番のミッション」である。それらのすべての「ミッション」でベストを尽くす。そのような気持ちで日々の仕事に臨むことで、「次なる宇宙でのミッション」に向けて、いい緊張感を維持できると考えている。

それは簡単なことではないけれど、そう心がけることが、結果的に自分に与えられたチャンスを最も効率的に生かし、よい結果を生むことにつながるのではないだろうか。訓練は本番のためだけにあり、訓練の機会を一瞬たりとも無駄にすることなく積み重ねていくことで、本番での確実なミッション遂行への道が拓かれるのだ。

本番で失敗しない者は、訓練を最大限に生かす

第2章

学ぶ

Learn

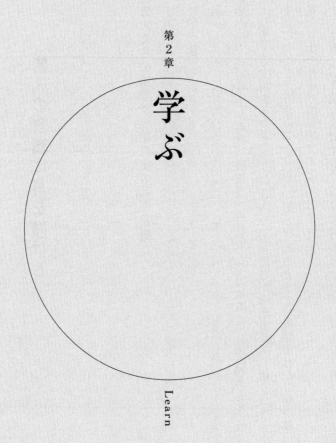

先人の言葉に耳を傾ける

先人たちの挑戦から紡《つむ》ぎ出された言葉

宇宙飛行士になって24年。今、振り返ってみてあらためて思うのは、「毎日が学生のように学び続ける日々を送ってきた」ということだ。

訓練と試験、新たな技術開発の会合、地上でのサポート業務や事務作業などを通じて、世界中の宇宙飛行士や教官、技術者、科学者、宇宙機関の管理部門の人たちと出会い、日々進歩する宇宙システムについて学び、宇宙開発の未来を夢見て語り合う……。

宇宙に行くこともさることながら、地上でのさまざまな経験を通して学び続ける毎日が、宇宙飛行士の仕事の醍醐味であるとも言える。

それは新しい挑戦の連続でもあり、多くの失敗をして、泣いたり笑ったりしてきた。常に挑戦すべき課題を明確にし、それを克服するためになすべきことを日々、着実に実行していきたいと思いながら宇宙飛行士として過ごしてきたが、その気持ちは宇宙飛行士候補者のときと今とでまったく変わらない。

そんな私の宇宙飛行士としての半生を支えてくれたものの1つに、先人たちが残した言葉がある。私はとくに格言が好きというわけではないが、時代や業種を越え、先人たちが残した言葉を人生や仕事の道しるべにしてきた。

彼らが自らの経験に基づいて後世に残してくれたアドバイスには、とても大きな説得力がある。それは、会ったことも話したこともない過去の時代の先人の言葉もあれば、職場の身近な先輩の言葉でも変わらない。

彼らの言葉のなかには、その言葉を紡ぎ出すまでに経験したであろう苦労や喜びが内包されており、深い知恵や優しさを感じ取れるのだ。

その言葉に素直に耳を傾けることで、自分が犯すかもしれなかった過ちを避けることができるし、苦境を打開するヒントをつかむことができる。それは暗闇を照らす灯火であり、私たちに有形無形問わず多大な恩恵を与えてくれる。

私が大切にしている「仕事の10か条」

ここで、私が有人宇宙活動の現場で仕事をしていくなかで参考にしてきた、10か条からなる、ある言葉を紹介したい。

「仕事の10か条」

1 Be Proactive

積極的に行動せよ

2 Take Responsibility

自分の仕事に責任を持て

3 Play Flat-out

全力を尽くせ

4

Ask Questions

不確実なものはその場で質問をして把握せよ

5

Test and Validate All Assumption

考えられることはすべて試し、確認せよ

6

Write it Down

連絡も記録もすべて書き出せ

7

Don't Hide Mistakes

ミスを隠すな、仲間の教訓にもなる

8

Know Your System Thoroughly

担当するシステムを徹底的に掌握せよ

9　Think Ahead
常に、先を意識せよ

10　Respect Your Teammates
仲間に敬意を払え

これは元NASAのジーン・クランツが残した言葉である。彼はアポロ計画においてフライトディレクターとして活躍してきた。そんな彼が宇宙開発に従事した長い経験から裏打ちされたノウハウを、「仕事の10か条」にまとめたものだ。これを見ると、**大切なことというのは常にシンプルで、いつの時代も変わらないもの**だと感じる。

人間を月に送ったあのアポロ計画において、ただ1度だけ月面着陸を目前にして事故を起こし、着陸を断念したフライトがあった。それがアポロ13号だ。そのとき、フライトディレクターとして管制室で指揮をとっていたのがクランツだった。

3名の宇宙飛行士が搭乗したアポロ13号のミッションは、酸素タンクの爆発でサービスモジュールが大きく破損し、月面着陸を断念する必要があっただけでなく、乗員の地球への生還も危ぶまれた。しかし、クランツの冷静な判断と強いリーダーシップもあり、アポロ13号の3人のクルーは危機を脱して地球への生還を果たしたのだ。その詳細は、映画『アポロ13号』でも描かれている。

宇宙開発の進歩は、これまでの成功と失敗の集積

宇宙開発は先人たちの過去の経験から学び、進歩し続けてきた。その経験のなかには人類史に残るであろう成功もあれば、尊い人命を失うという苦い失敗もある。そのたびにその経験は言葉にされ、記録され、教訓とされ、開発や運用の現場にフィードバックされてきた。航空宇宙における安全管理技術とは、裏を返せば、数多くの犠牲のうえに我々が獲得してきた貴重な知見なのだ。

しかし、過去の失敗が教訓としてきちんと生かされないことも多々ある。それを避けるためには、事故や失敗の本質を徹底的に分析し、対策を講じていくという地道な努力以外にない。

安全な飛行、運用における確実性、訓練の効率性に至るまで、日々、改善のための絶え間ない努力を惜しまないことが肝要だ。ＩＳＳにおいても、宇宙飛行のたびにその運用経

験が関連部署にフィードバックされる。作業手順書、宇宙飛行士が使用する運用マニュアルや訓練内容でさえ、高い頻度で更新され続けている。

宇宙開発の歴史と現場は、成功と失敗を繰り返してきた先人たちの言葉で彩られているのだ。

大切なことはシンプルで、いつの時代も変わらない

愚かな質問はない

「理解したつもり」が危ない

「学ぶ」ということに関して、宇宙飛行士のシステム運用の実技訓練において留意すべきは、熟練者の優れている点を自分にふさわしい形で取り入れることだ。そのためには、熟練者から有用な情報を効率的に入手するよう努めることである。その際に最も大切なのは、**「質問すること」**だ。

私たちは日頃、すべき質問をしないで、理解したつもり、確認したつもりになっていることが多くあるように感じる。不完全な理解では、知識や技量の不足から起こり得る小さなミスが、やがては大きな事故やトラブルにつながりかねない。

「曖昧な認識」によって引き起こされたトラブル

実際のケースでこんなことがあった。私が地上管制局でSPAN（NASA宇宙飛行士室の代表として、スペースシャトル運用の支援をミッションコントロールセンターで行なう業務）を担当していたときのことだ。

そのミッションではスペースシャトルの貨物室から、天体観測衛星をロボットアームで宇宙空間へ放出する作業があった。作業は順調に進み、無事に衛星を放出したまではよかった。しかし、衛星を宇宙へ放出したあと、衛星自身の姿勢制御が開始されず、いわば衛星が宇宙空間で漂ってしまうといったトラブルが起きた。

本来であれば、クルーが決められたコマンドをコンピュータに入力して衛星の姿勢制御を自動的にスタートさせる設定をしなければならなかったのだが、その手順についての完了確認があやふやだったのだ。

作業手順の不十分な理解に加え、そのときはクルーと地上管制局との行き違いも起きていた。クルーたちは地上管制局がきちんと自分たちの一挙手一投足を確認しながらフォローしてくれており、コマンド入力も地上側が確認していると思っていた。

しかし実際は、地上側では宇宙飛行士がその手順をしたのか、しなかったのかは、確認する術《すべ》がなかったのだ。双方の理解不足と、「○○していて当然だ」と思っていた過信もミスオペレーションを引き起こした原因の1つだった。

結局、衛星はそのままでは機能しないので、1度はロボットアームで回収しようとしたがうまく捕捉できず衛星に大きなスピンを与えてしまい、最後は宇宙飛行士が船外活動をして手でつかまえる、というリスクの高い方法をとらざるを得ない事態になった。私はこのとき地上側のSPANとして、このトラブルを克服して衛星をつかまえるためのシミュレーションを、何時間にもわたって繰り返して手順作成に参加した。

トラブルがトラブルを呼んだケースとなったこの事態の発端は、衛星のコマンド入力に関する手順やシステムをクルーを含む運用関係者がきちんと理解していなかったことだ。

おそらく地上の訓練や人工衛星の設計者との打ち合わせのなかで、コマンドに関する説明もあったであろうし、文書化されたマニュアルも存在したはずだ。もしかしたら、クルーや地上管制局の誰かは、ふと疑問に思った瞬間もあったかもしれない。だが結局、曖昧なままスルーしてしまったわけだ。

質問は、自らの理解を深めるためでもある

この経験からも、私は**「自分が感じた疑問点をそのまま残しておいてはいけない」**と強く思った。質問することに時間を惜しんだり、質問することが恥ずかしくて疑問を解決しないまま過ごしてしまうことは、宇宙飛行のように1つのミスが命取りになる世界ではリスクは大きい。

だから私は「システム運用の本質に関わる」と感じたことは、疑問を持ったらできる限りその場で質問するように努めている。

タイムリーに質問をすることは難しい場合も多いが、宇宙飛行士としてこれまで受けてきた講義やシミュレーション訓練の最中、あるいは実際の宇宙飛行中であっても、解決すべき疑問は、できる限り早期に解決しておくことが効果的であると感じている。

また、一度理解したつもりであっても、本当に完全に理解できていないと思うときには、再度質問することによって、別の角度からその事柄を考えることにも、その理解を深めるようなことにもつながるはずである。

私が以前、テレビ番組の取材で対談したアメリカの理論物理学者のリサ・ランドール博

士（ハーバード大学教授、「ワープした余剰次元」という理論で一世を風靡《ふうび》した）は、学生時代はかなりシャイな性格だったそうだ。

しかし大学院に通っていたとき、その内気な性格からあまり発言しない彼女に対して、当時の恩師が「成功したければ質問しなさい」とおっしゃったそうだ。ランドール博士はそのアドバイスを実行してから、ものごとをより正しく理解することができるようになったと語っていた。

ランドール博士と同じ物理学者であるアルベルト・アインシュタインも「重要なことは質問することをやめないことだ」という言葉を残している。

質問することによって、自らの姿勢も示す

自分がわからないままでいる状況に対して、決して受け身にならず、あるときは積極的に質問をして、あるときは自分で調べて追究していく。純粋な探究心から出た質問のなかには、方向性を誤った質問もあるかもしれないが、少なくとも愚かな質問はない。

もちろん、的を射た質問に越したことはない。それに何でもかんでも聞く前に、「根幹的な問題点や疑問点は何か」を自分で整理したうえで質問内容を考えることも重要である。

だが、**何よりも「質問をする」という行為自体が、自分の頭で考え、「理解できている部分」と「そうでない部分」を明確に分別することで生まれ出るのも事実である。**また、質問することは、その疑問を解決するのはもちろんのこと、わからないままの現状に甘んじない、という前進しようとする姿勢の表れと言ってもいい。

「私はその問題に強い関心があること」を相手に示す。その姿勢は少なくとも周りからの信頼を勝ち得る。逆に、何も見ない、尋ねない、分析をしないという態度は、信頼を損ねることになりかねない。

「わからないまま」に甘んじない

先入観が足かせになる

過去の成功体験は、必ずしも未来の成功の役には立たない

ＮＡＳＡのあるプロジェクト・マネジャーは先入観について、こんなふうに語っている。

「誰もが当たり前だと思っていた事実が間違っている可能性がある。これはＮＡＳＡという組織が数々の経験で学んできた重要な事実だ」

私はコマンダーとしてＩＳＳに滞在中、何か問題が起きて、素早い判断が求められたときであっても、まず先入観からくる考えを横に置くようにした。そして、目の前の事実をもとに地上の管制局やクルーからの意見や情報を参考にして、自分としての判断に結びつけるよう心がけた。

今まで蓄積した知識や経験は、たしかに貴重である。しかし、未知の状況に置かれたときや、新たなことを学ぶときに、それが足かせになることもある。

何かについて知っている、経験している、ということはアドバンテージになり得るが、同時に余計なバイアスにもなり得るのだ。今持っている知識や経験がいつも変わらず正しいということばかりではない。なぜなら、そのときと今では、環境も条件も異なるからだ。

「あのとき、こうだったから」という過去の経験、「こうあるべきだ」という個人的な主義、「こうあったらいい」という個人的な理想、それらはすべて先入観となる。さらに言えば、先入観は得てして事実に基づいていないことが多い。

先入観にとらわれないように努めることは、真実をより的確に理解することや、効率的な学習も促すのではないだろうか。

今持っている知識や経験が、変わらず正しいとは限らない

緊急時は、記憶よりも記録を頼りにする

自分の記憶よりも、頼りにするのは「確実な手順」

少し堅苦しく聞こえるかもしれないが、先述した「手順書」や「飛行規定」と呼ばれるマニュアルが我々の仕事では非常に重要視され、バイブルのように取り扱われている。

宇宙開発の現場では、個人のあやふやな記憶ではなく、「手順書」や「飛行規定」という正式に承認され、すべての運用スタッフが共有する知識体系が基本になる。これらの文書には、宇宙船やISSのシステム、実験装置などのあらゆる宇宙機器、想定されるさまざまな事態への対応についても、すべて記されている。

宇宙飛行士にとって重要なのは、緊急事態であったり、時間的に切迫した運用などの場合であったりしても、冷静沈着に必要な手順書にアクセスし、手順通りに確実に作業を実

施する能力である。

手順書に記されている手順を飛ばしたり、手順とは異なる誤った操作をした場合、それがＩＳＳの安全やミッション成功において致命的な結果に至ることもあり得るからだ。

だから、地上での訓練もその手順書に従って行なわれるものが多い。とくに、打ち上げやドッキング（ランデブー）、地球への帰還操作、船外活動、貨物機のドッキング、ロボットアームの操作など、確実性を要する運用に関しては、手順書に沿って、その手順を１つひとつ確認しながら訓練は進む。

訓練では、宇宙飛行士は自分の理解をまとめるべく、自分のノートにメモをすることもあるが、本番の宇宙飛行ではそのメモを頼りにはしない。あくまでも正式な手順書に従った作業を実施しなければならない。なぜなら、自分のメモにさえ、理解のミスや最新の情報でないことを書いている場合があるからだ。

現在、宇宙飛行士が軌道上で使う手順書のほとんどの部分が電子化されており、緊急事態の対応などの一部の手順書だけが紙に印刷されたものとなっている。ＩＳＳでの長期滞在ミッションに関連するすべての手順書を集めると、数千ページもの膨大な量になる。しかも、それがかなり高い頻度で日々修正、更新されている。

これは言い換えれば、もともとそれほどの膨大な情報量がISSでのミッションには必要なため、すべて記憶するのは当然無理な話でもあると言える。だからこそ、**記憶より記録（手順）に従うのだ。**

記憶だけに頼らない

記憶力はふだんの生活や仕事でもとても重宝するし、記憶力の差がものごとの学習効率に影響するのも事実だろう。記憶力に優れた資質の高い宇宙飛行士の同僚は何人もいる。しかしながら、前述したように宇宙飛行などの運用の現場では、常に安全かつ確実な作業を遂行していく。そのため、瞬間的な対応が必要な一部の緊急事態を除き、記憶のみに頼るのは避けるべきだと考えられている。

宇宙飛行士が手順書に書かれていたある操作手順を、慣れてしまったがために、より手早く効果的な方法でできると思い、勝手に手順をショートカットして大きなトラブルを起こしてしまったケースが何回もあることを教官から教えられたことがある。

宇宙開発という特殊な現場だけでなく、仕事や日常の生活においても、曖昧な記憶をもとに行動してミスをしてしまうのは、よくあることだ。

ただし、誤解してほしくないのは、私は記憶力を推奨しないわけではない。それだけに頼ると、間違いを起こす可能性が多くあるということだ。

あやふやな記憶は、トラブルのもととなる

スピードや効率を意識しつつも、時間をかけた「きちんとした理解」

宇宙飛行士に求められる、早く効率的に理解する能力

「理解力」があることに越したことはないだろう。そして、短い時間で理解できるなら、なお素晴らしいことだろう。宇宙飛行士の理解力が高ければ、指導する側の教官にとってみれば、訓練も早く進むし、短い時間でたくさんのものごとを効率的に教えられる。実際に、教官たちも我々にそれを望んでいるとたしかに感じることがある。

たとえば、ジェット練習機T‐38の操縦訓練では、エンジンが途中で停止する、電源が落ちる、発電機が壊れるなどの緊急事態を想定して、一緒に飛んでいるパイロットと協力して素早く手順書と照らし合わせながらトラブルを解決していくような訓練を常にやっている。このようなときは、手順書を速読し、手順を素早く、漏れなく理解して、1秒でも

早くトラブルに対応することが求められる。

ＩＳＳ内での実験でも手順書があるが、速読の能力があるかどうかで理解の効率は違ってくる。またもちろん、ＩＳＳで火事などの緊急事態が起きているときに、手順書をじっくりと読んでいる時間はない。だから、宇宙飛行士には基本的に、速読で理解できることが重要になってくる。

このように手順書を速読で理解するというのは、宇宙飛行士にとっては安全にミッションを進めていくうえで、日々の基礎能力訓練のようなものである。無限に時間があれば、ゆっくりと理解するけれども、実際の現場では決められた時間のなかで、安全かつ正確に仕事をこなさなければならないからだ。そして、**急いで仕事を進めなければならないときに忘れてはならないのは、「何のためにやっているか」を思い出すことだ。**

「もし自分が設計者だったら、どうシステムを構築するか？」と考えてみる

早く理解することの重要性を話してきたが、長い目で見ると、早く理解することよりも重要になるのは、長い時間をかけてでも、**きちんと正しく理解することだ。**

瞬時で理解したとしても、本当の意味でその知識を咀嚼《そしゃく》していなければ意味がない。中

途半端な身につけ方をしていれば、結局またいつか学び直さなければならなくなるからだ。

逆に**長い時間をかけてでも、苦労して理解に努めて得たものは忘れにくいし、自分の血肉になっているはずだ。**そうなると、基本だけでなく応用も効く。日本航空で整備のエンジニアをしていたときの上司から教わったことがある。それは、何かのケースを学ぶとき、「もし自分がシステムの設計者だったら、どう作るか?」と考えながら学ぶとシステムを本質的に理解できるというものだ。自分事としてとらえるから、吸収のしかたも大きく変わってくるわけだ。

本当に高い理解力につながるのは、「自分が納得するまで妥協しないで学ぶ姿勢があること」だと思う。どんな仕事でもそうだが、結局、周囲が覚えているのは、「どれだけ早く仕事をしたか」というプロセスではなく、「どれだけうまく仕事をしたか」という結果だ。それが評価にもなるし、本当に残るものだと思う。

自分の血肉となるよう理解する

人は「自分のこと」ほど、わからない

自分のことがわかると、「努力すべき方向」も見えてくる

「自分を知る」というのは、なかなか難しい。人は、とかく他人を詮索《せんさく》したり、他人と比べたがったりと、他人のことに目を向けやすい生き物だ。

一方で、肝心な自分については知っているようで、じつはよく知らないことのほうが多い。自分のことをよく観察し、よく知り、よく学ぶことについては、あまり関心を持たない人が多いのではないだろうか。

私は子どもたちを相手に講演するとき、**「夢や目標を叶える最初の一歩は、自分がどういう人間かを知ることだ」**と話すことがある。

やはり、人間には得手不得手がある。皆1人ひとり個性があり、長所や短所、強みや弱みを持ち、持って生まれた才能もある。そのなかで自分は何をしたいと本当に望み、自分には何がベター、またはベストか？　そういった点をしっかり自己分析して把握してみることが、夢や目標を達成するうえでも重要なポイントになってくると思う。

自己分析ができて初めて、自分が自信を持っていい点や、自分にこれから必要であること、そして努力すべき方向性も見えてくる。

ストレス環境下で初めて見えてくる「素の自分」

宇宙飛行の現場の仕事をしていくなかでも、自分についてきちんと知ることは、宇宙に行く前に課される重要な課題の1つだ。とくに自分の「ストレス耐性」について把握することは大切である。

宇宙船やＩＳＳという閉鎖空間のストレス環境下で、自分が生理学的あるいは精神・心理学的にどのような反応を示し、それに対してどのような対応をすればいいのかを知っておくことは、宇宙でのミッションを成功させるためには不可欠である。

実際に、ＩＳＳでは宇宙飛行士のストレス状態を客観的に分析するツールも用意されている。たとえば、簡単な計算テストによる反応速度や正確さを見ることで、心理的なストレス度合いを確認するのだ。

また、宇宙飛行士の訓練では、自分のストレス耐性を知り、ストレス環境下でのミッション遂行のための資質を向上させるものも用意されている。

NASAが行なう「NEEMO（NASA極限環境運用）」と呼ばれる訓練では、フロリダ沖の海底20メートルほどにある海底基地で、チームを組んで1〜2週間ほど滞在しながら、火星・月・小惑星探査のシミュレーションなどの作業をする。

海底の環境は、呼吸できる空気がないという点で、惑星探査などの宇宙ミッションの環境に似ており、着用する模擬宇宙服の浮力を調整することで、微小重力やそれぞれの天体の重力環境を模擬することができる。つまり、惑星探査の本番に近い疑似体験ができるわけだ。

また、ESA（ヨーロッパ宇宙機関）による「CAVES」と呼ばれるリーダーシップ・集団行動能力訓練では、イタリアにある洞穴をチームで探索する。ロープを使って垂直の縦穴を上り下りしたり、地下水脈の測量、地図作成、地質調査、微生物の採取などの課題をこなしながら、約1週間ほどの集団行動訓練を行なう。

どちらの訓練も外界から隔離された閉鎖環境のなか、各国の宇宙飛行士とのチームワークを保ちながら任務を遂行しなければならない。

このような極限環境のなかで精神的負荷を課せられると、**自分自身でも気づかなかった「素」の自分が見えてくるものだ。**ストレス環境下だと、意外に自分が神経質だったり、状況によっては心理的なストレスや動揺を感じたりするなど、**それまで思ってもみなかった自分の反応や行動パターンを発見できるわけだ。**

ストレスを完全に除くことは不可能だから、「付き合い方」を知る

宇宙で仕事をするうえでストレスを完全に除くことは不可能だ。だから大切なのは、**ストレス環境下に置かれたときの自分の「ストロングポイント」「ウィークポイント」を客観的に評価し、その対処法を用意することだ。**

たとえば、睡眠はストレスと大きく関わっていることが知られている。ＩＳＳでは、生命維持に必要な空調ファンなどの機器の動作音が24時間鳴り響いている。騒音レベルとしては小さく、すぐに慣れるのだが、耳障りに感じる場合もある。そんなストレス環境下にあると、音に敏感になったり、ぐっすり眠れなくなったりする人もいる。

睡眠不足では疲れがとれないし、精神的にもイライラするので、ほかの些細なことにも過敏に反応するようになり、さらにストレス耐性が弱まるという悪循環に陥ることもあり得る。

そこで、「音に過剰に敏感になってしまう」という特性に対する対処法を考える。たとえば、睡眠時には耳栓をしたり、騒音をカットするヘッドセットを着用してみたり、逆にリラックスできる音楽を聴きながら眠るなど、自分なりに対応策を考えるわけである。ドラスティックなものでなく、地味な対処法ではあるが、自分の「ウィークポイント」を把握し、その対処法を知ることで、ストレスを軽減し、引いては仕事上のミスにつながる芽を摘み取ることができる。

「自分を知ること」は、自分を成長させるスタート

「自分を知る」というのは宇宙飛行の現場だけに限らず、さまざまな職場においても、人生を歩むうえでも重要なことだと思う。

自分自身をよりよく知るためには、自分に対して客観的に観察する目を持ち、長所、短所を評価し、素直に内省する力を持つことが大切である。

そして、自分の短所に対しては上手に対処できるような柔軟性を鍛え、長所はさらに伸ばしていく努力を怠らないことだ。

自分を客観的に評価して、素直に内省する

「人間はミスをする生き物」という前提に立つ

慣れ親しんだことでも、今日それを初めてやる気持ちで取り組む

人は多かれ少なかれミスを犯すものだ。私も自慢できないが、これまで多くのミスを重ねてきた。それは宇宙飛行士として新人だった頃も、また、ベテランと呼ばれるようになった今でも変わらない。

宇宙飛行士としての人生は、常に新たなことを学ぶ学生のような日々という話をした。新たなシステム機器の運用、新たな実験や観測装置の操作、新たな人間関係、新たな有人宇宙ミッションに取り組むための知見や技術の習得……。

そのなかでは、もちろん苦手な訓練や役割も多くあった。でも、繰り返し行なうことで気持ちにゆとりができて、新たな視点や工夫すら持てる余裕が生まれてくるのも、人間の

いいところでもある。何事も慣れてくるのだ。

しかしその反面、その「慣れ」が、油断、馴れ合い、惰性につながると、好ましくない結果を生むのはよく言われることだ。小さなミスが大きな事故につながりかねない有人宇宙活動の現場では、不用意な慣れが命取りにつながる。大きなシステムや機器を大きな組織のなかで、連係プレーで運用することが多い宇宙では、常に適度な緊張感を維持していることが重要だ。

私もそれは肝に銘じて、**どんなに自分が慣れ親しんだ作業や訓練でも、今日それを初めてやる新鮮な気持ちで取り組むことを心がけている。**同じ訓練でも、自分の慣れからくる固定観念によって、せっかくの新たな知見の獲得や、喜び、驚きの発見の機会を邪魔することもあるからだ。

防げたかもしれなかったチャレンジャー号とコロンビア号の事故

個人の「慣れ」によるミスを防ぐ心がけは本人しだいなのだが、一方でこれが組織全体となると、また異なるアプローチが必要となってくる。なぜなら、大きな組織になればなるほど、責任の所在が曖昧になり、組織が作り出した「慣れ」の雰囲気に組織自体が流されやすくなることもあるからだ。

かつてスペースシャトルは尊い人命を失う事故を2度起こした。1度目は1986年、チャレンジャー号が打ち上げ73秒後に空中爆発を起こして乗員7名が死亡した。2度目は2003年、コロンビア号が宇宙から地球への帰還の途上、大気圏再突入時に空中分解して墜落して、乗員7名が死亡した。

チャレンジャー号とコロンビア号の事故は、どちらも直接的な原因は機体の構造上の問題と言っていいものだった。だが、じつはその問題を未然に回避することができなかったのは、宇宙飛行を実施する組織のなかでの人的な判断ミスであり、防げた事故であることから、これらは「人災」とも言える。

のちの事故調査で、チャレンジャー号の事故の場合、固体燃料補助ロケットの部品に設計段階から欠陥があったことが判明した。それに適切に対処できなかったこと、また打ち上げ当日の異常な低温に関して技術者から警告があがっていたにもかかわらず、マネジメントの判断で打ち上げを急いだこと。その2点の判断ミスが事故を招いたことがわかっている。

また、コロンビア号の事故は、打ち上げ時に外部燃料タンクの断熱材が剥《は》がれ落ち、左翼前縁《さよくぜんえん》のカーボン製の熱防護システムを破損させ、翼前縁に穴を開けたことが原因だった。打ち上げ時と軌道上ではその破損状態の深刻さを把握できず、作業中に問題は生じなかった。しかし、地球帰還時の大気圏再突入時に生じる摂氏1700度くらいまで達する高温のプラズマ流が、翼前縁部の穴から入り込み、翼内部の構造の破損が徐々に拡大したことで、翼は分解し、機体は制御不能に陥り、空中分解に至ってしまった。

耐熱タイルやカーボン製の部材などで構成される熱防護システムは、その名前の通り、機体を高温から守る重要な部品だ。スペースシャトルの機首や翼前縁などにはカーボン製の熱防護システムが、また機体の胴体下側には耐熱タイルがびっしりと敷き詰められている。

スペースシャトルのフライトでは、打ち上げ時に外部燃料タンクの断熱材が剥がれ落ちて機体に小さな傷をつけていたことが以前からしばしば確認されていた。じつはコロンビア号の打ち上げでも断熱材が剥がれ落ちて翼に当たったことが、すぐに確認されていたのだ。

しかし今まで、そのことで重大な事故が発生したことがなく、機体は安全にミッションを終えて地球に帰還していた。技術者のなかからは問題視する声があがっていたにもかかわらず、この断熱材の破片衝突は飛行安全の問題でなく、着陸後に破損した耐熱タイルを張り替えるなどの整備上の問題として対処していた。「外部燃料タンクの断熱材の根本的な構造上の欠陥という問題」としては、とらえられていなかったのだ。

一方、スペースシャトルの設計段階の要求には、外部燃料タンクの断熱材は剥がれ落ちてはいけないことが明記されている。この設計要求が存在するにもかかわらず、剥がれ落ちた断熱材が〝致命的〟な損傷を機体に与えることが過去に一度もなかったため、今までの「経験」に基づいた状況判断が続き、結局、大事故に至ってしまったのだ。

ときに人間は、経験からくる慣れや先入観に流され、事実に基づいていない判断をする。つまり、コロンビア号の事故におけるＮＡＳＡの判断は「前回まで事故なく飛行してきたのだから、今回も大丈夫だろう」という油断が生んだ、技術的な根拠に欠ける非合理的な意思決定だったのかもしれない。

失敗から学ぶ姿勢が、次なる失敗をなくす

組織も、またそのなかに組み込まれた個人も、雰囲気で進むことが多い。ある社会学者

はこのような意思決定のプロセスを「逸脱の標準化」と言っている。

人間はミスを犯す。この大前提に立って、常に失敗から学ぶ姿勢を持たなければ、ミスをミスで隠すようなことも起こりかねない。

重要なのは、失敗を隠さず、失敗に対して常に鋭敏にアンテナを張り、失敗から何かを学ぶ姿勢なのだと思う。やはり愚直なまでにそのような姿勢を貫くことで、また次の失敗の解決につなげていけるはずだ。

失敗にも、鋭敏なアンテナを張る

繰り返さなければ、失敗は失敗でなくなる

2回目に同じ失敗をすると、信頼は失墜する

コマンダーに任命されてから、訓練項目として私が最も時間を割いたのはISSの緊急時の対応訓練だった。この模擬訓練は、ヒューストンにあるNASAジョンソン宇宙センターとモスクワ近郊のガガーリン宇宙飛行士訓練センターなどにあるISSの各モジュールの実寸大のモックアップ（模型）のなかで行なわれる。

火災、隕石の衝突などによる急減圧、冷却システム用の有毒な高濃度アンモニアが船内で漏れるなど、さまざまな緊急事態の訓練のシナリオが用意されている。

緊急事態発生時には、コマンダーは軌道上のどこでどんな事態が発生して、今誰がどこにいるのかを素早く把握する。その際、地上管制局と交信しながら、クルー全員に迅速か

つ的確に避難誘導と危機回避のための対応作業の指示を出していかなければならない。システム的な緊急事態に加え、クルーの誰かが意識不明やケガをする事態を含む訓練シナリオもあり、クルーの介助も並行して進める方法も学ぶ。

コマンダーには、状況判断の速さや正確さが求められる。緊急事態に対応するための訓練の開始当初には、通信機器の使用が困難な状況で仲間に適切な指示が出せなかったり、火災における危機回避作業を進めていくなかで仲間との意思疎通がタイムリーに確実にとれなかったりする、という失敗を何度も味わった。

ただ、「事前予習では思いもよらなかった初めて遭遇する事態においては、コマンダーとしての作業指示で失敗すること自体、十分あり得る」という認識は常にあった。しかし、それと同時に、**「この仕事をプロとしてやっている以上、同じ失敗を繰り返さない」**とも誓っていた。

失敗の経験は確実に次に生かしていくことが重要だ。これはどのような仕事でも同じだろう。1回目の失敗は、ときには寛容に受け入れてもらっても、2回目に同じ失敗をすると信頼は失墜する。自分が犯した失敗を真摯に受け止め、その理由をきちんと分析し、とるべき最善の対応策を検討して習得することを怠らなければ、今後、類似した状況で同じような失敗を繰り返す可能性は少なくなる。

失敗の受け入れ方で、その人の成長が変わってくる

一般的に気づきにくいかもしれないが、**失敗を教訓として学び、二度と繰り返すまいと努力しているときは、じつは自分の能力が大きく向上しているときとも言える。**失敗した直後は気が動転したり落ち込んだりして、なかなか前向きに考えることが難しい場合もあるかもしれないが、自分がその失敗を乗り越えてさらに成長できる好機ととらえ、謙虚に失敗を受け入れ、そこに至った経緯を分析することが肝要だ。

失敗を乗り越えようと試行錯誤しながら苦労して体得したものは、また今後、別の問題にぶちあたったときも必ず有効な対処法になる。宇宙開発の仕事自体も、数々の失敗をしながらノウハウを生み出してきた歴史がある。それと同じく、失敗を恐れず、失敗をしてもそれを教訓として次のステップに生かす姿勢が大切なのだと思う。

何より怖いのは、自分の失敗に気づいていないことだ。失敗を受け入れるには、失敗したことにまず気づき、受けとめなければならない。

自分の非を認めたくないばかりに、そこから目を背けて見て見ぬふりをしたり、何かのせいにしたいときもあろう。けれども、正しく完了できなかったことを真摯に受け入れて教訓とするように努めないと、結局同じ失敗を繰り返す。それは、失敗から学ぶ機会を失い、自分の資質を向上させるうえでも余計に遠回りすることになる。

自ら失敗に気づき、受けとめ、二度と同じ過ちを犯さないよう努めることで、失敗は大切な「教科書」になる。

失敗を「自分と、同じ目標を目指す仲間たちの教科書」にする

第3章

決める

Decide

仕事は、「優先順位」を決めることから始まる

「今」というのは、過去に繰り返してきた決断の結果

人生は「決めること」の連続だ。私たちは、人生の大きな節目においてだけでなく、日々の家庭生活や仕事上でのさまざまな出来事においても、あれこれと小さな決断を積み重ねている。

「決める」瞬間を、自分であまり意識することはないかもしれないが、**少なくとも今の自分と周りの環境は、過去に繰り返してきた無数の決断の結果と言っていいだろう。**

「決める」という行為は、自分の持つ知識や今まで経験してきた事例をケーススタディ的に参考にしながら、「今度はどういうふうに対応するのがベターなのか」を判断していくことにほかならない。

ただし、忙しい日々のなかでは、1つのことのみに専念して判断できるのはまれで、たいていは複数の事柄を同時進行で進めなければならない状況のほうが多いのではないだろうか。

私がNASA宇宙飛行士室ISS運用部門のチーフやJAXA宇宙飛行士グループ長を担当していたときにも、常にさまざまな案件を抱えながら、並行して判断し、解決していく必要に迫られた。

NASAの宇宙飛行士室ISS運用部門でのチーフとしての業務は、ISS長期滞在飛行に向けた訓練や、軌道上での実際の飛行業務を行なう宇宙飛行士の支援、さらにその支援のためにISSプログラム管理部門や運用管制チーム、世界各国の訓練チーム、宇宙飛行士の健康管理を担当する医学運用チームとの調整など多岐にわたるものだった。

NASA宇宙飛行士室ISS運用部門チーフも、並行して務めた時期もあったJAXA宇宙飛行士グループ長のどちらの立場も、宇宙飛行士チームのとりまとめ役、組織の指揮命令系統との橋渡し役、そして有人宇宙飛行の関係部署との調整の窓口である。

これは会社の組織で言えば、上司と部下を持ち、他部門との調整役もする「課長」のような役割だ。会議や打ち合わせが多く、予定外の出来事も頻繁に起こる。忙殺されるような数の会議、昼夜を問わない世界各国からのメールでの問い合わせへの対応、そして難題解決のための決断をタイムリーに下していくことに明け暮れる毎日だった。

そのようななか、抱え過ぎてパンクしないように、業務の優先度を常に判断しながら、組織内での必要作業の分散のため、試行錯誤を重ねる必要があった。

「要望に的確に応える」というのも仕事の1つ

NASA宇宙飛行士室ISS運用部門チーフとして各国の宇宙飛行をとりまとめた際には、「立場や部門の間に立った迅速な調整」が求められた。たとえば、ISSに打ち上げる食料、衣料などの日用品の搭載について、宇宙飛行に向けて訓練中の宇宙飛行士からの要望をとりまとめながら、ISSプログラム管理部門と調整する任務もあった。

ISS長期滞在ミッションでは、宇宙飛行士全員用の「標準食」に加え、容量は制限されているが個人の好みで選べる「嗜好食」が用意される。宇宙飛行士が希望する嗜好食を手配するのもチーフの仕事の1つだ。それぞれの宇宙飛行士がISSに滞在する前、あるいは滞在中に、確実に希望の食事メニューが打ち上げられるよう、宇宙食搭載の管理部署と調整して準備する。

「食べ物のことで大げさな」と思うかもしれないが、ISSという閉鎖環境に半年間滞在していくなかでは、宇宙飛行士それぞれの士気を維持していくために、好きな食べ物の存在は大きく、とくに嗜好食は精神心理支援の観点からも非常に重要なのだ。

ISSへの物資を輸送する貨物機が打ち上げられる直前に、軌道上で頑張っているクルーのために、りんごやみかんなど、どのような生鮮食品をどの程度搭載するかなどの調整も、軌道上のクルーとISSプログラム管理部門の間に立って実施しなければならない。

また、栄養価や軌道上での消費傾向を考慮して、「標準食」のメニューの更新や新たな食品メニューの開発、さらには食品を梱包する方法の改善など、関連部署との協同作業も行なう。

さらに、食品だけではない。防臭効果を高めた下着や運動着（ISSでは水は貴重なので洗濯はできず、衣類は使い捨てにする）、あるいは体を拭くためのより吸水性に富むタオルなど、軌道上で使用する日用品の新製品の開発にも宇宙飛行士室の代表として携わったりもする。

また、ISSに滞在中の宇宙飛行士からくる物資の補給要請の連絡に、タイムリーに対応しなければならないことも頻繁にある。たとえば、宇宙での滞在期間が予定よりも延長されたため、「洗面具などの一部が足りなくなってきている」とか、「衣料品などの消耗品が足りない」といった連絡を軌道上のクルーから受けることがある。

ときには、その要望がＩＳＳ計画の管理部門のなかで迅速に調整されず、追加搭載の対応が遅れることもある。そのような場合には、緊急度を鑑《かんが》みたうえで、ＩＳＳ計画管理部門の指揮命令系統を通して、迅速な対応を促すこともしばしばあった。

余裕がないときこそ、「優先順位」をつける習慣を持つ

ＮＡＳＡ宇宙飛行士室のＩＳＳ運用部門での仕事は、「今、これをやっているのに、新たにこんなことが起きて、でも次はこれをして、あれもあるけど……、どうしよう？」ということが起きてしまうのは日常茶飯事。「どれもこれも、今やらなきゃいけない」ように感じることもある。ただし、時間は限られており、すべてのことに時間を同じように割くことはできない。

そのようななか、私が常に意識していたのは、**何よりも今、解決しなければならない仕事の「優先順位（プライオリティ）」をつけることだった**。次から次へと目の前に現れる

仕事の優先度を判断したうえで、迅速に必要なアクションをとっていけるよう心がけた。

私は仕事上、自分のもとに入ってくるさまざまな事象に対して、かなりドライなまでにプライオリティを決めて行動するようにしている。「今、それに手をつけると、今、チームが最も労力を傾けなければならないことが疎《おろそ》かになるかもしれない」と思って迷うことがあれば、**「今はそれを手放す」ということを決める。つまり、「迷ったらしない」という選択肢を持つのだ。**

「できない」と感じたときは、物理的にも精神的にも余裕がないわけだ。余裕がないときに無理をすれば、チーム全体の焦りにつながり、すべてが中途半端になりかねない。

そうなると、自分やチームの首を絞めることになるのは明白だ。ときには、自分にも他人にも、きっぱり〝NO〟と自信を持って言えることは、仕事を進めるうえで大事な能力の1つだろう。

大切なのは、余裕がないときこそ、「優先順位」をつける習慣を持つことだ。仕事でも私生活においても、いわば優先度をしっかり自分のなかで決めることが、まず〝優先〟すべき課題である。

優先順位を決めるために必要なのは、しっかりと基準を持つこと。仕事ならば、「組織としてのミッション達成のために、その作業や課題の重要度は？」、また「時間軸の観点から鑑みて、その作業に要求されている緊急度は？」という2点を常にきちんと把握しておくことだ。

また、それらが「自分やチームの処理能力でできることか、できないことか」を可能な限り客観的に分析することも重要だ。そうすることで、心の余裕も出てくる。

目の前に並んでいる仕事に手をつける前に、まず優先順位をつけて「仕分け」をする。それによって、優先度の高い仕事から効率的に集中して行なえるはずだ。

優先順位づけの基本は、「重要度」と「緊急度」の仕分け

優先順位を決める３つのポイント

航空機が危機的状況に陥ったときの優先すべき鉄則

ものごとの的確な優先順位を決めていくためには、正しい「状況判断能力」が必要になる。その能力を磨くには、いろいろな方法があるかもしれないが、ＮＡＳＡではＴ-38ジェット練習機の操縦訓練が重視されている。これは、ＮＡＳＡ宇宙飛行士の資質維持向上訓練の根幹の１つともなっている。

「宇宙に行くのに、なぜ航空機の操縦が必要なのか？」と思われるかもしれない。それは、常に刻々と変化する航空機システムや天候の状況を見極め、安全を確保しながら臨機応変に対処する、的確な状況判断能力が要求されるのは、航空機の操縦も宇宙での仕事も同様だからだ。

この資質を向上させるために、判断や操作を1つ誤れば重大事故にも直結する高性能ジェット機の操縦は、格好の訓練環境を提供する。航空機の操縦において、パイロットは次のような作業の優先順位を常に認識していなければならない。

①「aviate　操縦」
②「navigate　航法」
③「communicate　交信」

この3つの順序が作業の優先度になる。

「aviate」は、まさに空を飛ぶ、航空機をコントロールするということ。

「navigate」は、ナビゲーション、要するに今自分がどこの位置にいて、どこに向かって飛んでいるのかを知るということ。

「communicate」は、航空交通管制官との交信である。

簡単な3つの言葉の並びであるが、これは航空機が危機的状況に陥ったときを含めて航空機の運用で優先すべき作業の順序で、パイロットの仕事における鉄則だ。

航空機がまさに墜落してしまいそうなときに、自分の航路上の位置を確認しようとしたり、「メーデー、メーデー」と交信していては航空機を安全に飛行させることは不可能で墜落に至ってしまう。この場合、まず優先すべきは機体の姿勢を立て直し、失速を避ける対気速度に戻すことだ。つまりは、「aviate」だ。

機体が安定したら次にすべきことは、機体の高度、位置、方位、進行方向を把握する「navigate」。そして、「aviate」と「navigate」ができて、初めて航空交通管制官と連絡をとり情報を共有する「communicate」というわけだ。

言い換えれば、**「目の前に起こっているトラブルを安全な状態に立て直す」「状況を把握する」「周囲とコミュニケーションをして状況を共有する」という順番になる。**

「そんなこと、言われなくてもわかっている」と思われるかもしれないが、人間は実際にトラブルが発生したとき、冷静な状況判断ができず、その状況にふさわしい優先度を考慮した行動ができないことが多い。

この話は、あくまでも航空機を操縦する際のフィロソフィー的な基本作業の優先度を示すものだ。だが、このように作業の優先度を常に意識することは、どんな仕事にも必要なのではないだろうか。

今、しなければならないことは何か？

「今、この瞬間にしなければいけないこと」

「あと1分待てること」

「1日待てること」

「1年待てること」

いろいろなケースがある。その優先順位を誤ってしまうと、仕事に大きなロスが生まれ、致命的なミスを犯すことにもつながる。

宇宙飛行士の場合、さまざまな訓練を通して、「aviate」「navigate」「communicate」に代表される、優先順位を間違わずに動けるような状況判断能力を常に磨いている。

ふだんの仕事や実際の日常生活で、死に関わるような緊急度の高い判断をしなければならない瞬間はないかもしれない。しかし、仕事を効率的、効果的に進めるという意味で考えれば、**「今、しなければならないこと」を基準に優先順位をつけていく習慣**は日常でも大いに役立つはずだ。

順序を誤ると、大きなロスが生まれ、
致命的な事態に至ることもあり得る

柔軟な軌道修正が「失敗しにくい行動パターン」を作る

振り返り、改善して「失敗しにくい行動パターン」を作る

「一度、自分で決めたものごとには、信念を持って突っ走らなければならない」と私は思っている。ただ、状況は刻一刻と変わっていくこともあるわけで、突っ走っている途中で、「あれ？　何だかおかしいぞ」という事態に変わっていくこともよくある。

だから、**突っ走るだけではなく、きちんと前を見て走りながらも、周りの状況の変化に敏感でなければならない。**また、**「間違っていた」とわかったならば、それを素直に認め、その時点で必要に応じて、すぐに軌道修正する勇気を忘れてはいけない。**タイミングを逸してしまうと、さらに修正が難しくなることもある。

修正するというのは、決して今まで突っ走ってきた道程を否定することではない。当然、短期的に見ると、今までの時間が無駄に思えるし、周りからの評価が下がることもあるかもしれない。しかし中期的、長期的なスパンで見たときに、「誤りを認めて軌道修正をした」という意思決定は、結果的に正しく評価されるものだと思う。

自分の決定に信念と自信を持ちつつも、常にそれを客観的に分析・判断できる柔軟性と振り幅を持っておく必要がある。

また、ときにはベストだと思い、最後まで突っ走った末に、結果的に失敗だったということも当然ある。だからこそ、常にPDCA――Plan（計画）、Do（実行）、Check（評価）、Act（改善）――のプロセスを実践する。なぜ、失敗したかをCheckし、失敗を失敗のままに終わらせないためにActして軌道修正をするのだ。

これは失敗したときだけでなく、うまくいった場合にも、そうなった理由を分析し、次のステップをよりよくするための糧《かて》にすることが大切だ。これを習慣にして、きちんと繰り返していけば、おのずと失敗しにくい行動パターンが生まれてくるはずだ。

優秀な宇宙飛行士は「改善の軌道修正」を怠らない

気がつけば、私は多くの後輩を抱えるベテランと言われる世代になったが、ベテランになればなるほど、自分の経験には自信があるし執着もある。新人の頃よりも、「自分が判断して決めたことこそが正しい」と感じてしまう傾向はどうしても強くなる。

しかし私の周囲を見る限り、やはり**優秀だと思う宇宙飛行士の特長は、失敗しないことではなく、改善のための軌道修正を常に怠らない姿勢を持つ点だ**。それがあるからこそ、周囲から信頼されているように感じる。

軌道修正をするということは、失敗の教訓を生かすことでもある。新人であろうとベテランであろうと、常に新たなミッションには新たな課題が生まれ、その訓練では失敗も多い。そんなとき、新人よりベテランに何か強みがあるとすれば、単に経験の豊富さというよりも、失敗の恐ろしさと同時に教訓を生かすことの大切さを身を持って知っていることだろう。

完璧な人間など、どこにもいない。私も本当にたくさんの失敗をしてきたが、これからも常に前に進み、新たな挑戦を続けていきたいと思っている。新たな挑戦には、失敗はつきものだ。でも、柔軟な軌道修正を怠らないことで、成功する確率を高め、失敗を少なくすることはできるのだ。

失敗しないこと以上に、軌道修正を怠らないこと

自らの道は、自らで決める

「子どもの頃の憧れ」という「点」が、1つの「線」になってつながる

ある小さな決断が、結果的に自分の人生を大きく左右することがある。28歳のときに「宇宙飛行士候補者選抜試験を受けよう」と決めたときも、今振り返ればそうだった。

私は5歳のときに、アメリカのアームストロングとオルドリンという2人の宇宙飛行士が、アポロ11号で月面に着陸した様子をテレビで見た。そのときに、宇宙に対する強い憧れを抱いたことを覚えている。

しかし、彼らが英語で話す言葉もわからず、当時は日本人の宇宙飛行士はいなかったため、幼心にも宇宙はアメリカやソ連の人だけが行ける特殊なところだと思った。宇宙への

憧れはあったが、そこに自分が行けるというか、目指すことは考えられなかった。

ただそれでも、宇宙飛行士になるに至った原点は、今思えば、「空への憧れ」にあったように感じる。私は埼玉県で生まれ、両親が九州出身だったので、帰省のときなど飛行機に乗る機会がしばしばあった。たしか、小学校4年生くらいのことだったと思う。車いすが必要だった祖母と一緒に飛行機に乗って、羽田空港に到着した。私たち以外の乗客はすでに飛行機を降り、私たちは機内で車いすの到着を待っていた。

そのとき、操縦室からパイロットが出てきて、「操縦室を見るかい?」と私と弟に声をかけ、操縦室を見せてくれた。操縦室のなかには、金属の固まりのような巨大な飛行機を動かすための無数の装置類が宝石のようにきらきら輝いていた。この光景は今でもはっきりと覚えている。このときに「飛行機を作ったり、飛ばしたりする仕事がしたい」とおぼろげながらに思い始めた気がする。

小学生時代には、実際に紙飛行機やエンジンつきの模型飛行機をよく作って遊んだ。キットの模型から始め、小遣い節約のためにバルサ材などの材料を自分で買ってきて、自作の機体を作っては空き地で飛ばした。そして、墜落して壊れては「どうやったら、うまく飛ぶのか?」と工夫しながら修理して、また飛ばす。そんなことを繰り返しては、楽しんでいた。

それ以来、小学校・中学校・高校と、空を飛ぶ金属の固まりに対する強い興味をずっと持ち続け、大学と大学院では航空工学を学んだ。ちょうどその頃、御巣鷹山《おすたかやま》の日航ジャンボ機墜落事故やスペースシャトルのチャレンジャー号の爆発事故を目の当たりにした。どちらの事故も、機体の構造の問題で尊い人命が失われた。

以降、私は「安全な航空機を作るにはどうしたらいいか?」という思いを強く抱くようになり、航空機構造の技術者の仕事を目指して、さらに勉強を続けた。大学院修了後、念願叶って日本航空に入社。整備本部の技術者として、毎日大きなやりがいを感じながら仕事をしていた。

そんなときだった。当時のNASDA(宇宙開発事業団/JAXAの前身)が宇宙飛行士候補者を募集しているという新聞記事を、職場へ向かうモノレールのなかで目にした。

NASDAでは、1985年には毛利衛さん、向井千秋さん、土井隆雄さんの3名が、スペースシャトルの科学実験を担当する「ペイロードスペシャリスト(搭乗科学技術者)宇宙飛行士」として採用されていた。

通勤ラッシュの車内で宇宙飛行士候補者の募集記事を読む私の脳裏に、5歳の頃にアポロ11号の月面着陸をテレビで見て抱いた「宇宙飛行への憧れ」が蘇《よみがえ》ってきた。「宇宙飛行士の試験を受けてみたい」。そんな気持ちがムクムクと胸のなかで湧き上がった。

もちろん、単に憧れだけでしかなく、自分が選ばれる可能性は限りなくゼロに近いことはわかっていた。時間の無駄になるかもしれない可能性のほうが高いだろうとも感じていた。それに私には、宇宙開発の知識もなければ人脈もない。また、宇宙飛行士の選抜試験対策問題集などもないので、試験対策すらできない。

ただ、日本人にとっては新しい職業である「NASAミッションスペシャリスト（搭乗運用技術者）」訓練コースに参加する日本人宇宙飛行士候補者を、どのように選抜するのかに興味を感じた。「その選抜過程を実際に経験してみたい」という動機で受験を決めたのだ。

まさか、それが宇宙飛行士としての道を歩み始めるエポックメイキングな決断になるとは、そのときは思ってもみなかった。日本航空整備本部技術部の直属の上司であった小林忍さんにも試験を受けることを相談したところ、快く「頑張ってこい」と送り出してくれた。が、まさか合格するとは、私もそうだが小林さんも思っていなかっただろう。

実際に、小林さんとこんなやりとりがあった。2次試験で選抜者が50人に絞られたとき、会社の上司からの推薦状が必要になった。小林さんに頼むと、「受かる可能性は低いかもしれないが、試験でいろんなことを吸収して戻ってきて皆に紹介してくれ」と言いながら推薦状を書いてくださった。

ただ、これは皮肉でも何でもなく、小林さんは航空機構造の技術者としての資質を高めるために、部下をアメリカの航空機メーカーに出向させてくれるような長期的な展望を持った人で、「受かりそうもない」というのは私も含め率直な気持ちだったと思う。いざ私が選抜されたら、「僕の推薦状のおかげだね」と冗談まじりに言ってくれたことが懐かしい。

そんな経験があるからだろうか。私はどんな小さな決断、または判断でも、決して疎かにできないという気持ちがある。

では、ベストな決断をするためには、どうすればいいか。これには特別な方法などない。言えるのは、現時点で自分が持っている限りの経験と知識を総動員して、今できる最善の決断が行なえるよう心がけることだけだ。

「悔いのない決断」をするために

決断をするためには、さまざまな材料が必要になる。それは自分自身の経験やデータもあれば、他者から与えられる助言や情報もあるだろう。

ただ、人の意見に流され過ぎたり、世の中の常識や「そうあるべき」という勝手な思い込みをもとに決めてしまうことも多い。でも、その場合、自分の本心から納得して自分で決めたわけではないので、失敗でもしようものなら、最悪は責任の所在を自分以外に探すようになってしまう。

どんなことでも、**最後に決めるのは自分であるべきだ。**私の宇宙飛行士選抜試験にしても、ふつうに考えれば「職場に迷惑をかけてまで、受かる可能性の限りなく低い試験を受験すべきではない」というのも妥当な判断かもしれない。

でも、「今ここで受験しなければ、きっと後悔するだろう。後悔を引きずるよりは、可能性は低くとも受験すべきだ」というのが、そのときの私にとっての合理的な判断だった。

たとえ、決めるときに不安があっても、あとから振り返って「そのときは自分のベストな判断だった」と言えるくらいの自信が自分にあること。

何かに流された決断ではなく、自らでした決断であれば、失敗すると悔しさは残るものの、素直に認められるし、人のせいにして見当違いな後悔をすることもない。

最後は自分が決める。
そうすれば人のせいにはできない

第4章

進む

Advance

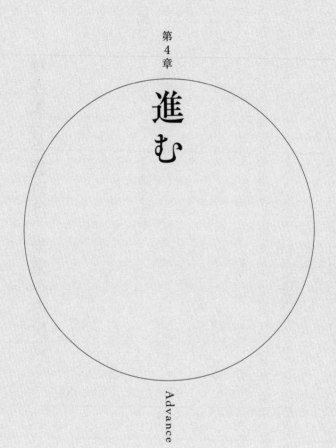

積み重ねた経験は、未来への投資

「調整」もマネジメントの大事な仕事

私はNASA宇宙飛行士室のISS運用部門のチーフとして仕事をしていたとき、その仕事と並行してJAXA宇宙飛行士グループ長も担当した時期がある。その2つの仕事では、管理職として「きめ細やかな支援とマネジメント」の能力も求められた。

マネジメントの内容は多岐にわたる。ISS搭乗時の宇宙飛行士自身や家族のサポート、ISS搭乗に向けて訓練中の各宇宙飛行士の支援、宇宙飛行士候補者の訓練の進捗状況の確認と訓練支援、NASAやESAなどの各国宇宙機関で行なわれる訓練機会の獲得などもそうだ。

そのなかでは、たとえばJAXAの宇宙飛行士がISS搭乗を任命されたのち、軌道上で担当する船外活動の機会の獲得などに関しては、NASA宇宙飛行士室長と侃侃諤諤《かんかんがくがく》の調整を行なうこともあった。

また、訓練に関しては、訓練要求やカリキュラム全体の策定において、ISS運用部門のチーフとして、それらの妥当性を維持するために常に目を光らせなければならない。具体的には、ISS長期滞在に向けてヒューストン、つくば、モスクワ、ケルン、モントリオールなどで実施される訓練カリキュラムが妥当かどうか、実際に訓練を受けている宇宙飛行士たちから直接聞き取り調査をする。

そしてまず、調査結果や訓練のスケジュール管理担当から情報を収集して分析する。そのうえで宇宙で実際に役に立たなかったような訓練や、必要以上に時間を要するような訓練があれば、訓練内容やカリキュラムを変更するため、各国の訓練管理部門と調整することもある。

調整の機会においても、士気にあふれる各国の訓練管理部門のスタッフと一緒に仕事をしながら、国際協力プロジェクトに携わることの喜びと同時に、国際調整の難しさを何度も経験してきた。

人の人生を左右する「評価」という仕事

宇宙飛行士の訓練では、段階的に技量を測るテストも行なわれる。

たとえば、ソユーズ宇宙船のシステム運用に関する訓練や評価試験は、宇宙飛行士の国籍によらずロシアのガガーリン宇宙飛行士訓練センターで行なわれる。そんなとき、ロシア側の試験官と一緒にテストに立ち合う要員を派遣して、評価の経緯をモニターするのもISS運用部門のチーフである私の仕事だった。

テストに落ちてしまう宇宙飛行士がいた場合、ロシア側がどのような視点で評価を下したのかを把握する必要がある。それが妥当と判断されなければ、協議のなかで問題点を明示して評価を訂正してもらったり、試験に至る訓練カリキュラムや運用手順に問題があれば、改善するための意見を申し出ることもある。

「評価」は管理職にとって重要な仕事だ。私がISS運用部門のチーフを務めていた当時、NASA宇宙飛行士室ISS運用部門には30人近くの宇宙飛行士や技術者らが所属していた。NASA宇宙飛行士室にはISS運用部門以外にも、船外活動、ロボティックス、宇宙探査、ISS統合、キャプコム（ISSとの交信担当）などさまざまな部門があるが、所属人数ではISS運用部門が最大であった。

そんな彼らの人事考課もチーフとして大変責任ある重大な仕事だった。人事考課は彼らの報酬や昇進に関わるだけでなく、今後の宇宙飛行に任命されるかどうかの評価基準にもなるからだ。

部門に所属するそれぞれのメンバーの業績、リーダシップや自己管理、チームワーク、コミュニケーション能力を含む業務遂行能力などの項目に従って評価を行なう。個人面談もするが、ISSに飛行中の宇宙飛行士の場合には地上から電話で面談する必要もあり、人事考課に要する作業量も非常に多かった。

NASA組織内での人事考課もA、B、C、Dの4段階の相対評価の形式をとるため、私が行なった評価に対する不服を申し立てる宇宙飛行士も当然おり、そのようなケースでのNASAジョンソン宇宙センターの人事部との調整なども、私にとっては貴重な経験となった。

成長のための「苦しい経験」は、未来につながる

以上のような「マネジメント業務」と、1人の「宇宙飛行士」という立場を比べると、宇宙飛行士として訓練や飛行業務に専念できる時間は、どんなに訓練が厳しくても、楽し

くてしかたがないと感じてしまう。これは私だけではなく、アメリカやロシアなどの同僚の多くからも同様な印象を聞いている。

1人の宇宙飛行士としての立場であれば、与えられた訓練や宇宙飛行ミッションに集中するだけでよいのだが、一方で管理職として宇宙飛行士組織のとりまとめやマネジメント業務を担当する際には、自らの資質維持向上のための訓練以上に、宇宙飛行中や訓練中の同僚の宇宙飛行士を見守り、支援していくことに注力しなければならない。

NASAの管理職の仕事は当初慣れないことが多く、非常に苦労した時期だった。だが、得るものもたくさんあった。

たとえば、ISSの運用を進めていくうえで、参加各国の組織の、どの部署とどう調整すればものごとがスムーズに流れるかを習得できる貴重な経験でもあったと思う。1人の宇宙飛行士という立場だけでは見えなかった、プロジェクトの全体像、または各部署の関連性も学ぶことができた。

とくにISSのコマンダーに就任する前に、ISSの運用に関する宇宙飛行士組織の管理職として仕事ができたのは幸運だった。コマンダーとして必要な判断力を地上で磨くことができる、またとない経験となったからだ。

苦しい時期だったが、今振り返るとそこで積み重ねた経験は、自分の成長のためには代えがたいものとなった。もっとも、私がこの役職に就任した背景には、私が感じた通り、「その経験がＩＳＳのコマンダーを担当するためにも、よい訓練機会になる」という上司の意図があった。

苦しい時期こそ、成長している

その時点で自分が出せるベストな答えで動く

問題の放置は、停滞を意味する

問題を抱え、解決のために何かしらの決断を迫られることは、仕事や人生において何度もある。そんなとき、自分が出した答えに対して100パーセントの自信を持てる人はなかなかいないのではないだろうか。

「自分のなかで、たしかな答えを出す」というのは意外と難しい。いったん答えを見つけたと思っていても、また新たな不安や疑問が湧き、出した答えがかき消されることも多い。その堂々巡りで、なかなか心が整理できないこともある。

宇宙飛行士として仕事を続けてきたなかで、私は何人もの優れたリーダーに巡り合った。彼らから学んだ1つが、**どのような苦境にあろうとも、その状況を見極め、不完全な答え**

でもいいから、今その時点で自分が出せるベストな答えを出し、それに基づいて行動をしていくことだった。

　人は、よりよい答えを求めようとするあまり、頭のなかでエンドレスに考え続けがちである。しかし、それはある意味、問題の放置とも言える。極端な例になるが、宇宙での緊急時にあれこれ逡巡《しゅんじゅん》していると、それはクルーの死につながることもあり得る。

　何も答えを出さないまま問題を放置していたり、長い間、考え続けたままでいることは、じつは人生においてもとても非効率なことだと思う。結果的に実際の行動に移すことができず、何の一歩も踏み出せないまま停滞することになってしまうからだ。

　もちろん、仕事や家庭で直面する問題を手つかずにしたからと言って、死につながるわけではないかもしれない。だが、結論に至ることなく考え続け、何のアクションもできなかった場合、ものごとは一向に進展しないだけでなく、抱える問題がどんどん増える。考えるべき問題が増えると、解決するのにさらに時間がかかるようになる。

　さらに問題が増えると、解決すべき問題自体の認識もあやふやになってしまう恐れもある。何より1つのことを考え続けることは難しいし、精神的にもストレスになる。だから、1つの問題で停滞することなく、今、考えられる解決策を出しておくだけでも、次なる問題に全力で取り組めるのだ。

「考え、行動したプロセス」はメモしておく

私は経験上、**考える時間を区切ることが大切**と感じている。たとえば、その問題の内容にもよるが、ある答えを出すうえで制限時間を決めたらどうだろうか。30分、1時間、1日、1週間、1か月と、その問題によって解決策を決める期限を決めたうえで、対策を考え、その時点でのベストな答えを出しておくのだ。

たぶん、それ以上考えたところで、さらなるグッドアイデアが出てくる可能性は少ない。そして、詳しくはあとで触れるが、できれば考えた答えのプロセスをメモしておくといい。

もちろん、出した答えは、結果が出てみて振り返ると、最終的にはベストなものではなかったかもしれない。しかし、**少なくとも与えられた時間のなかで今の自分が考えた最善の方法として実行すれば、答えを見出せず、行動を起こせず、結局何もしなかったという最悪の事態は避けることができる。**

「事を行なうにあたって、いつから始めようかなどと考えているときは、すでに遅れをとっている」というローマ時代の格言がある。行動すれば、ものごとは停滞せずに一進一退

しながらも進んでいくものだ。たとえ失敗しても試行錯誤していくなかで、新たな気づきや教訓、ヒントを得ることができる。

そして、その次のステップとして重要なのは、**「行動に移した結果」と、「行動をとる前に答えを出すまでの意思決定のプロセスのメモ」を見直してみることだ。**

私はその答えを出すに至った前提条件や不確定要素、「こういう状況だったから自分はこう考えた」「こういう状況の変化があれば、こんな考えも可能性がある」などを、出した答えと一緒に忘れないように、そのときの考えや気持ちをメモしておくことがある。あとで、「あのとき、こんなふうに考えていたのか」と、客観的に振り返ることができるからだ。

これは「考えたプロセスのメモ」とも言える。メモをとることの重要性について言えば、人は記録に残さないと忘れてしまいやすいという特徴がある。忘れずとも、時間が経てば経つほど、記憶は曖昧になりがちだ。

メモにすることで、2つのプロセスで客観的になれる。まず、メモ程度の簡単な文章でも、書いてみて初めて自分の気持ちを客観的に整理された形で見ることができる。また、あとで振り返った際に、「あのとき、こんなふうに考えていたのか」と状況と照らし合わせながら客観的に原因と結果を整理することができる。

出た結果と、意思決定のプロセスを比較すると、「大きな方針は違っていなかったが、あそこは改善すべきだった」「そもそも方向性自体が間違っていた」などと、新たな発見がある。そして、次にはさらに精度の高い答えを出せるようになる「lessons learned（教訓）」になるわけだ。

答えを出さずに動かないことは、「停滞」と言える

トラブルはすぐに叩き、芽の小さいうちに摘む

「念のため」のアクションが予期せぬトラブルを防いだ

トラブルは未然に防ぐに越したことはない。それを実感したのは、２００９年に初めてのＩＳＳ長期滞在ミッションに挑んだときだった。

滞在を始めて2日目のまだあわただしいなか、私はスペースシャトルで運搬してきた大型太陽発電装置をシャトルの貨物室からＩＳＳのロボットアームで取り出し、一度シャトルのアームに引き渡して、再びＩＳＳの別のアームで受け取ってＩＳＳに取りつける、といったリレーのバトンを渡すような作業を行なっていた。

私は同僚のロボットアームの操作を補佐する役目だったので、比較的余裕があったのかもしれないが、念のためロボットアームで装置をつかむ前に、ロボットアームの先端が正

常な状態かどうかカメラで確認しておこうと提案した。

カメラでのロボットアーム先端の把持（握り持つ）機構の確認作業については当時、手順書には規定されていなかった。しかし、ＩＳＳに到着してから初めての大きなミッションということもあり、私は用心深く、確認できることはしておこうと思いながら作業を行なった。

また、ロボットアームの教官として設計会議にも出席していたなかで、ロボットアームの不具合が発生しているとの報告を聞いていたので、念のためにという気持ちでもあった。その「念には念を」が功を奏した。スペースシャトルに取りつけられているカメラでロボットアームの先端を確認してみると、物体をつかむときに大切な働きをするロボットアームの先端のワイヤーが正常な状態にないことが判明したのだ。そのままロボットアームを使用すると、物をしっかりとつかめず、つかめたとしても安定しないおそれがあった。しかしすぐにワイヤーを締め直す作業を行ない、正常な位置に戻すことができた。

手順書にも書いていないカメラでの確認作業をわざわざ時間を割いて行なったことは、何事もなければただの杞憂《きゆう》に終わる無駄骨の行動となっただろう。しかしこのときは、見過ごせば大きなトラブルの遠因になる不具合を事前に見つけることとなった。

やはり、**どんなに小さなものでも、そこにリスクがあるならば、それを潰すためには、無駄骨になることをいとわない気持ちでいるべきだ。**常に注意深く、その瞬間で使えるものは全部使って、随時、状況確認をする。そのような努力を惜しまない姿勢が、トラブルを未然に防ぐことにもつながる。

トラブルのサインは見逃さない

私は宇宙飛行士になる前は、日本航空で大型旅客機の整備の仕事をしていたが、そのときに構造上の損傷を大事故に至る前に検知できる手法について勉強させてもらったことがある。宇宙におけるシステムでも、大きな事故に至る前に予兆を見抜くことは重要だ。

ＩＳＳでコマンダーとしての任務を務めている際、機器の作動状況、地上管制局の状況、仲間や自分の体調や精神状態など、常にさまざまな状況に気を配っていなくてはならなかった。状況は、よきにつけ悪しきにつけ同時進行で刻々と変わっていくものだ。そのなかで何かトラブルがあれば、まず小さな状況の変化がサイン（兆候）として現れることが多い。

たとえば、先述したように機械やシステムの場合、「おかしいな？」と感じるときは、やはり大体何らかのトラブルが起きていることが多い。ちょっと変な音がしているとか、変な臭いがしてるとか、電気のつき方が違うとか。人間の体が病気になってどこか不調を訴えるのと同じように、機械も小さな変化によってトラブルを訴えかけている瞬間があるのだ。

体の不調を訴える患者がいた場合、医師は患者の症状を診察・分析して病名を突き止め治療する。宇宙のシステムも、運用に携わる技術者には、機械が訴えている**異常な状態のサインをいち早く察知して、**「システム設計時に定めた運用の許容範囲を超える状態ではないか」「過去の運用事例と比べてどう違っているか」「運用規定にない運用をしていないか」などを、実績データと適切な解析手法により判断し、大きなトラブルにつながらないように対策を講じることが要求される。

そのようなシステム運用の安全に関する知識と技量は、地上で設計や運用に携わる技術者だけではなく、宇宙でさまざまな機器を操作する宇宙飛行士にも求められる。

「サインをいち早く察知する」というのは、システムだけでなく、人間にも言える。仮に、もし仲間のクルーの肉体的、あるいは精神的疲労が溜まって、順調に仕事をこなせていない状況があるとする。そのまま、こちらが気づかずに通常通りの仕事を任せていたら、とくにプライドが高く負けん気の強い人の場合など、無理をして仕事を続けた結果、体を壊したり、ミスを犯してしまう可能性もあるだろう。これはどんな職場でも考えられるケースだ。

しかし、その前の段階で、その人の言動や表情の変化などから、こちらが心境や健康状態をきちんと察してあげることができれば、その人のプライドを傷つけずに、仕事のペースを落としたり、担当を変えたりするなど、必要な対策を打ち出しておくことも可能だろう。

「何も問題が起こらない」というのは、日々気を配った結果でもある

トラブルの芽を叩くという意味で、私はこんな試みをしたことがある。

これまでの宇宙飛行で一緒に飛んだクルーのなかには、二酸化炭素の濃度に非常に敏感に反応する仲間も何人かいた。ＩＳＳ内には、ロシアとアメリカの区画に二酸化炭素除去装置があり、常時作動している。ただし、その装置のメンテナンス要求や寿命の観点から、ＩＳＳ内の二酸化炭素濃度のリミットは、地球上で我々が呼吸している空気よりもかなり高めに設定されている。当然、それはＩＳＳ内で生活する宇宙飛行士の体調や心理状態に影響を与える場合がある。

私がＩＳＳのコマンダーを担当していた際、クルーの健康管理の観点から船内の二酸化炭素の濃度をとりわけ注意してモニターした。そうやって仲間のクルーの作業効率にどう影響を与えるかも含めて毎日注意を払っていた。仲間のクルーが「今朝はちょっと鼻が詰まっている感じだ。二酸化炭素が高いのが原因かもしれない」と訴えれば、船内の二酸化炭素の濃度を確認して、高めであれば地上管制局に伝えて濃度を下げるように依頼した。

その結果、私がＩＳＳに滞在中、仲間のクルーに、二酸化炭素の濃度が原因で、心理的な面を含めて支障が出なかったことは幸いだった。

トラブルになりそうな芽は常に把握し、その兆候に気を配って対処していれば、大きな問題を事前に防ぐことができる。問題解決をあと回しにすると、トラブルがさらに大きくなったり、さらなるトラブルにつながりかねない。トラブルは、小さいうちに叩いて摘んでおくことだ。

小さなサインに敏感になり、リスクを潰す

「トンネルビジョン」に陥らず、「ビッグピクチャー」を意識する

集中しながら、全体も意識する

ＩＳＳでは、限られた時間のなかで細かい作業をする宇宙実験も多く、自分の一挙手一投足に対して高いレベルの集中力が必要になる。ただ「過ぎたるは及ばざるが如し」。１つひとつの作業に集中することは大切だが、何か1点にあまりにも注意し過ぎたり、集中し過ぎたりしていると、そのほかの点に注意や配慮が及ばなくなることがある。

これは「トンネルビジョン」と言われる状態だ。1点に集中し過ぎることで、1つの視点から抜け出せなくなり、ほかの視点を受け入れることができなくなったりする。１つのミスが危険と隣り合わせの状況にある宇宙飛行では、常にそんな状態に陥らないように気をつける必要がある。

そこで大切になるのは「ビッグピクチャー」を把握しておくことだ。これは**「全体像がどうなっているか？」「今、その状況は全体のどの部分なのか？」「全体にどう影響するのか？」を常に意識することを意味する。**

私がＩＳＳのコマンダーを務めていた際、１つの作業に集中して携わっていたとしても、「二酸化炭素濃度は正常値か？」「地上との通信システムは正常に作動しているか？」「仲間の宇宙飛行士はそれぞれの持ち場で予定したスケジュールを大きく逸脱することなく、問題なく作業しているか？」など、ＩＳＳ全体の状況に常に気を配ることが重要だった。

ＩＳＳ全体で起こっていること、とくに仲間のクルーの状況には細心の注意を払った。「どのクルーがどこにいて何をしているか？」。これは非常事態が起きたときに、迅速で的確な避難指示を行なうためにも重要だった。また、もちろんクルーの作業に遅れや問題があれば、自分の仕事を調整しながら支援もした。そうすることで、全体のスケジュールを予定通りにこなすこともでき、ひいてはチームワークも強化できた。

もちろん、やらなくてはならない作業は複雑なので、そのときそのときは、目の前の作業に集中することは避けることができない。ただ常に、状況を俯瞰《ふかん》する視点は頭の片隅にあり、全体像を頭のなかで意識したうえで、個々の作業に取り組む姿勢を大切にしてきた。

つまり、一点集中ではなく全方位的な集中力、つまり集中力の適切な分散が必要なのだ。

「全方位的な集中力」が磨かれるNASAの訓練

その基礎的な能力を身につけるために、効果的な訓練の1つが前述した航空機操縦訓練だ。NASAではT-38というジェット練習機操縦訓練を宇宙飛行士の訓練科目に取り入れていることは説明したが、飛行中は右手で操縦かんを握っていればいいだけではない。左手でスロットル（エンジン推力を調整する車のアクセルのようなもの）をコントロールし、フライトマネジメントシステムや航法、通信装置を操作しながら、①操縦、②航法、③交信という運用の優先度を常に意識しつつ、機体の姿勢を表示する計器を中心にして、位置、速度、高度変化、エンジン回転数などのさまざまな計器類に加え、天候レーダーや空中衝突防止の表示などにも目を配りながら操縦することが要求される。

ここでも、全方位的な集中力が必要なのだ。だからこそ、航空機操縦訓練は、自分の置かれている天候やクルーの疲労度などの環境の全体像や、各システムの状態の把握、そして優先度に応じた適切な対応能力を習得するために、格好の訓練となる。

機体の姿勢や速度を即座に修正しなければならないときに、1つの計器ばかり気にしていたり、航空管制官との交信に不必要に神経を使い過ぎたりすると、飛行機を失速させてしまう恐れや、飛行機が誤った針路を飛行していることに気づかない状況に至ることもあり得る。何かに集中し過ぎることで、忍び寄ってくるほかの大きな危険に気づかない状態に陥ることもあるわけだ。

自分が何かに集中し過ぎていると気づいた瞬間、カメラのレンズがズームインからズームアウトするように、自分をとり巻く全体像まで引いて俯瞰すること。これは宇宙の仕事に限らず、どんな仕事上のプロジェクトを進めていくうえでも大切なことではないだろうか。

求められるのは一点集中ではなく、全方位的な状況把握

あえて「安定」を避けてみる

「慣れ」による油断を避けるための工夫

どんな仕事でもモチベーションは大切だが、難しいのはそれを維持していくことではないだろうか。あるプロジェクトがスタートを切った時点では、チーム全体がやる気や情熱であふれているものの、それが日を追うごとに下降線をたどっていってしまうことはよくある。スタートのときと同じ気持ちを、ゴールまで持ち続けることはなかなか難しい。

私の場合、自分をよく観察していると、ものごとが単調に問題なく運ぶようになってくるとモチベーションが下がる傾向にある。もちろん、宇宙飛行士の仕事は日々、新たに学ぶことが多く、刺激的な体験には事欠かない。ただ、必ずしも毎日がすべてエキサイティングに過ぎていくとは限らない。

たとえばＩＳＳに長期滞在しているときなどは、やるべきことは多いものの、ときには1日中、同じような実験を繰り返したり、掃除をしたり、軌道上の消耗品の在庫確認を何時間にもわたって行なうこともある。

そんな単調とも思えるルーチンワークが続くと、とくに隔離施設のなかでは精神的にもきつくなる。また、これは地上でも同じことで、訓練以外の技術開発や運用支援などの仕事でも、最初は刺激的でも、しだいに慣れてくると単調に感じてしまうものもあるだろう。

そんなとき、私は仕事に対する士気を維持するため、できる限り自分のなかでメリハリをつけるよう工夫している。**ルーチンワークに慣れてしまった安定した精神状態から、あえて自分が不均衡な状態になるよう意図的に仕向けてみるのだ。**

これは地上の訓練でもよくやった。ロボットアームの操縦訓練でも、ある程度慣れてきて自分の技量レベルが安定したと感じたら、あえて教官に頼んでさらに難しいシミュレーションに設定して挑戦させてもらったりした。

また、先述したＴ‐38ジェット練習機による航空機操縦訓練でも、与えられた環境・条件での自分の操縦スキルが安定してきたと感じたら、たとえば、航空機の姿勢情報などを表示するメインの飛行ディスプレイ画面が故障したケースを模擬して、バックアップのディスプレイのみを使用した操縦を行なった。ほかにも、飛行中にエンジン停止、発電機故障などのトラブルを教官に模擬してもらい、緊急事態対処の手順を実際に行なうなど、あえて難易度のより高い環境で操縦して、さらなる技量アップに努めるようにした。

また、航空機が雲のなかを飛行する場合、視界が確保できないため、外の景色を見ながら機体の姿勢がどうなっているかを判断できないことがある。そのときはコックピット内の機体姿勢を表示する計器のみを頼りにして操縦する「計器飛行」をすることになる。その場面をあえて模擬するため、教官に頼んでコックピットの風防を内側からすべて塞《ふさ》ぐカバーを取りつけて、外の景色が見えないようにして飛行する「計器飛行」訓練も頻繁に行なった。

この「計器飛行」の技量は航空機操縦だけに必要なわけではない。宇宙においても、宇宙船のドッキング、着陸時の操縦、またロボットアームの操縦では、計器類の情報に基づいてシステム操作を行なう「計器飛行」をする能力が重宝する場面がある。そのような点でも、航空機による多種多様な訓練は宇宙における作業の資質向上に大いに役立つわけだ。

宇宙であっても、上空であっても、地上であっても安全かつ確実なシステム運用のためには、慣れによる「自己満足」は禁物で、常に適切な資質維持が不可欠なのだ。

壁を乗り越えるときにこそ、多くの「学び」がある

この「あえて不均衡な状態を作り出す」というイメージは、日本の芸道における師弟関係の在り方を述べた「守《しゅ》破《は》離《り》」という言葉の意味合いに少し近い部分があるかもしれない。「守破離」とは、まずは師匠から教わる、守るべき基本や既存の型を守ることから始まる。その後、基本をもとに自分なりの応用を作り上げることで既存の型を破る。さらに、最終的には師匠の型、自ら作り上げた型からも離れ自由自在になる、というような意味である。

この「守破離」という言葉を、私なりに解釈すれば、「守」の状態を十分にマスターしたら、次は「破」「離」と常に新しい挑戦課題を自分に突きつけ続けるということである。

何でも慣れてくるとスムーズにものごとが運ぶようになり、いい結果も出ることが多いが、それで安定してしまうとそこに甘んじてしまいがちだ。しかし、**人は初めての経験で失敗をしながらも乗り越えていく過程で多くを学ぶ。または、難関にぶち当たってそれを解決しようと四苦八苦する環境のなかで、より成長していくものだ。**

慣れや単調さを感じたときには、自分をあえて不均衡な状態に置いてみることも、己のさらなる資質向上のための1つの方法だと思う。どれほど単調そうに見える仕事でも、常

に同じことを繰り返すのではなく、自分の工夫しだいでそこからさらに向上の余地を見つけて、自分を磨いていけるものだ。

いつも「新しい挑戦」を自分に突きつけ続ける

走りっ放しでは息切れする

宇宙飛行士に共通する「自己管理能力」

宇宙飛行士は「強靭《きょうじん》な肉体と精神力、明晰《めいせき》な頭脳を併せ持った人間」というようなイメージを持たれることが多い。しかし私はもとより、世界各国の同僚の宇宙飛行士を見渡しても、そんなスーパーマンのような人間は少ない。

もちろんメディアに取り上げられる際の宇宙飛行士の姿だけを見ると、その仕事柄、何でもできるように見えるイメージがあるかもしれない。しかし、ふつうの人間なので体調を崩すこともあれば、落ち込むこともある。

ただ、**宇宙飛行士という人種に共通して言えることがあるとすれば、自己管理が得意で、向上意欲にあふれ、目標に向かって地道にコツコツ努力することをいとわず、バランス感**

覚を持っている、という点かもしれない。

有人宇宙活動は国家の、そしてしばしば国際的な巨大プロジェクトであり、その動向には紆余《うよ》曲折《きょくせつ》もあり、致命的な大事故により計画が大きく変更されることもある。

また、いったん宇宙に行けば過酷な環境の仕事場が待っている。ある人に言わせれば「宇宙飛行士は地上では華々しく扱われるが、実際の宇宙での仕事は3K＋1Sだ」という。3Kは「危険、きつい、（すぐ）帰れない」。1Sは「（宇宙船が）狭い」ということを意味しているらしい。たしかにそのような視点もあるだろう。

有人宇宙活動のプロジェクトは、構想、研究、開発、運用に至る計画全体の寿命は30年を越すものも多い。長いケースでは、宇宙飛行士の候補者として選ばれてから最初の宇宙飛行まで10年以上にもわたる者もいる。その間に、医学基準をクリアできずに宇宙飛行ができなくなる可能性さえもある。そのようないくつもの不確定要素があるなかで、さまざまな技術的な業務を行ないながら、宇宙に行けるチャンスを待ち続けるわけだ。

そして念願叶って、大きなリスクをともなう宇宙飛行に飛び立てば、放射線が飛び交う宇宙空間で、閉鎖された過酷な環境が待っている。宇宙飛行士はそこに長期的に身を置いてミッションを遂行することが要求される。

そんな宇宙飛行士という職業にとって、肉体的にも精神的にもしっかりとバランスをとりながら健康状態を保ち、地上の訓練でも軌道上でも常に安定したパフォーマンスを発揮できるように、技量と資質を維持する自己管理能力は必須である。

適切なペース配分が、よい仕事を生む

ＩＳＳでの長期滞在任務は、よくマラソンにたとえられる。それは半年近い滞在期間を完走するためには、マラソンを走り切るような体と心の持久力が必要とされるからだ。

ちなみに、すでに退役しているスペースシャトルの任務は、１００メートルの短距離走にたとえられていた。２週間弱の短いミッション期間のなかで、分刻みのスケジュールで猛スピードで走り切り、あっという間に終わってしまうからだ。

私が２００９年に初めてＩＳＳに約４か月半の長期滞在をしたとき、最初の３週間くらいはＩＳＳの組み立て作業と実験のスケジュールがびっしり詰まっていて、仕事と休息のペースをうまくつかめずにいた。

気がついたら休む間もなく働き詰めで、定期的に地上で健康診断をしてくれるＪＡＸＡのドクターからは「長距離マラソンのランナーが１００メートル走をしているようなもの

だ」と心配されるほどだった。

ただそのとき、一緒に飛行したISSのコマンダーだったアメリカのフィンク飛行士が、「クルー全員が長期間休みなしで働いたので疲労しきっている。きちんとみんなで休暇をとろう」と提案してくれたので、宇宙に来て18日目に初めて休みをとった。

私はそのときにやっと、打ち上げ数週間前の準備段階から、打ち上げ、そしてISSに到着後も、自分が休む間もない緊張状態であったことに気づいた。

睡眠時間も毎晩5時間程度だったが、それでもやってこれたのは、初めてのISS長期滞在ミッションということで気が張っていたこともあったのだろう。自分ではまったく気づかずに心も体も疲れのピークを通り越していた。しかし休息をとることで、あらためて自分の疲労度を確認し、休むことの大切さを実感した瞬間だった。

ISSでの長期滞在は3か月くらいまでは体調も精神も充実しているけれども、4か月以降になると精神的にも肉体的にもきつくなると言われている。今振り返ると、あのままのペースで宇宙で仕事をしていたら、最後には息切れしていたかもしれない。あのときの私は、**目の前の仕事に全力で集中するあまり、ゴールまでの道のりをどう走り切るかというペース配分に、気を配る視点を欠いていたのだ。**

もちろん仕事では、短期間で集中力を発揮しなければならないこともあるだろう。そんなときに、いちいち息抜きはしてられないかもしれない。ただ、あえてそんなときこそ、ほんの少しの間でも深呼吸するひとときを意図的に作ることも大切だ。能率を考えても、やはり心身を休めることは仕事の一部なのだ。

もっと言えば、人生は長距離マラソン。「ウサギとカメ」の童話ではないが、ウサギのように短距離を猛スピードで走ることだけでなく、いかに焦らず、しかし弛まず進んでいくか考える視点を持つべきだ。

心身を休めることも仕事の一部

心と体のバランスをとる

微小重力が身体に与える影響

ここでISSでの生活で発生する問題点や生活サイクルを少し紹介したい。まず宇宙空間で人間が活動するとき、自分ではふつうに過ごしているつもりでも、心身の両面にさまざまな負荷がかかることが知られている。

まず、宇宙に行った初期の段階で「宇宙酔い」という症状にかかる宇宙飛行士も多い。症状としては乗り物酔いに近いものだが、吐き気をもよおしたりするので、集中力が低下して、まる1日程度ダウンしてしまうケースもある。

私は幸い、過去4回の宇宙飛行で宇宙酔いの経験はなかった。万が一なっても、薬や注射を服用して安静にしていると長くても数日で回復するが、宇宙飛行士にとっては嫌なものだ。

また、ＩＳＳではほとんど無重力状態と言っていい「微小重力環境」のため、血液などの体液が上半身のほうに移動する「体液シフト」現象が起こる。そうなると、顔がむくむ「ムーンフェイス」という状況になりやすい。それに加え、鼻が充血して味の濃いものを食べたくなったり、足が細くなったりするなどの傾向も見られる場合もある。また、微小重力環境では背骨の骨と骨の間でクッションの役割をする脊髄《せきずい》の椎間板《ついかんばん》がそれぞれ約１ミリほど伸びるため、人によっては背や腰が痛む症状も起こる。

そして、最も深刻な問題は大きく3つある。１つ目は、微小重力環境下で長期間生活する際に、筋力や骨密度が低下すること。２つ目は、宇宙放射線による被ばくだ。３つ目は、微小重力環境下で体液が上半身へシフトするため、脳内圧の変化で視力に影響が出ていることだ。

１つ目に関しては、宇宙での生活は、地上の生活で使われている筋肉や骨にほとんど負荷がかからなくなるので、筋力トレーニングなどをしないと筋肉が衰え、また骨密度も低くなる。その骨密度が低下する速さは地上の骨粗鬆《こつそしょう》症患者の10倍以上の場合もある。

２つ目に関しては、ＩＳＳでは地球上と比べて１００倍ほどの宇宙放射線の被ばくも生じてしまうのだ。

3つ目の脳内圧の変化による視力低下の問題は、近年になって症状が報告されてきており、軌道上でも原因究明のためのデータ取得が徹底的に行なわれているが、まだ対処法を見出す段階には至っていない。

以上のような生理学的な問題もさることながら、宇宙での生活は精神・心理的な負荷もやはり大きい。たとえば、ISSは約90分で地球を1周するので、約90分ごとに日の出、日の入りを繰り返し見ることになる。ISS内では常に人工照明のなかにおり、朝、昼、晩という自然な時間のサイクルを地上のように感じることはできないのだ。

ISSでの1日のスケジュール

ISSでの時間は、イギリスにあるグリニッジ天文台での平均太陽時である「グリニッジ標準時」を使用している。毎日のスケジュールは日によって変わるものの、典型的な1日の流れは、次のようになっている。

・午前6時　起床して身支度をしたあと、1日の作業のスケジュールの確認

・午前7時　朝食
・午前7時45分　世界5か所（後述）の地上管制局との朝礼
・午前8時　今日の作業の準備
・午前8時半　作業を開始
・午前11時　ランニングマシンで約40分間ジョギング。そのあと、お風呂代わりに体をタオルで拭いて髪を洗い、着替え
・正午　午前中にやり残した作業を続行
・午後1時　昼食
・午後2時　作業を再開
・午後4時半　負荷抵抗訓練装置で筋力トレーニング
・午後6時　作業を再開
・午後6時半　世界5か所の地上管制局との夕礼
・午後7時　夕食
・午後8時　明日の作業の準備、広報用メッセージの作成、自由時間
・午後9時半　就寝（実際に、9時半に床に就く人は少ないが）

これが通常のスケジュールの例だが、船外活動や補給船のドッキング、また故障した機器の修理などの作業が入ってくると、スケジュールも変わってくる。私がコマンダーを務めた期間は、総勢6人のクルーで1日平均70近くの任務をこなしていた。また、時間的に猶予のない作業を完了させるため、休日も使って作業を進めることもあるが、睡眠時間は健康維持のために維持されるのが基本だ。

このようなスケジュールのなかで、仲間と長期間にわたり閉鎖環境で生活をしていくわけだが、たとえ地上の訓練で気心の知れた仲間同士ではあっても、やはり知らず知らずのうちに気疲れしたり、ストレスも溜まってくるものだ。

ストレスを自覚できれば、それにすぐに対処することができるのでまだいい。しかし、それに気づかないで走りっ放しになる、あるいは頑張りっ放しになると、そのリバウンドも大きい。

私はそんな自分の経験からも、心のリフレッシュと体のリフレッシュを大切にするようにしている。私の場合は、筋力トレーニング、ランニングマシンや自転車漕ぎなどの装置を使った有酸素運動が体のリフレッシュにとても功を奏した。一見大変そうだが、体を思いっきり動かすことはやはりとても気持ちがいい。これは精神的・心理的なストレス解消にもとても効果があった。

一方、心の面では、個室で1人になる時間も意図的に作って、読書をしたり、音楽を聴いたりした。ときにはみんなでDVDで映画を見たりもした。ただ何よりも、ふと窓から眺める地球の美しさが心安らぐひとときを与えてくれた。

2回目のISS長期滞在では、前回のISS長期滞在時の経験も手伝って、コマンダーとして仲間のクルーの健康管理、心と体の両方のリフレッシュ、仕事と余暇のバランスにも配慮する余裕ができた。

心のリフレッシュが体のリラックスにつながり、体のリフレッシュが心のリラックスにもつながるのだ。人間が心と体で構成されている生き物である限り、どちらだけということはなく、やはり心と体の健全なバランスを図ることは大切だと感じる。

心だけでも、体だけでも駄目

「ストレスへの適切な対処」が結果を左右する

ISSという閉鎖環境ならではのストレス

ISSは宇宙に浮かぶ人類が構築した最大の構造物だ。人間がふだん着で生活できる与圧された部分の容積は、ジャンボ旅客機の1・5倍くらい。そのなかで通常6人の宇宙飛行士が長期滞在しているわけだが、その生活で生じるストレスの要因を挙げればキリがない。

作業計画は5分単位で朝から晩までびっしり立てられていて、そのタイムスケジュールはパソコンの日課表に表示される。ディスプレイには、作業内容のほかに、刻一刻と動き続ける現在時刻を示す赤い線が表示される。その赤い線に急かされるように仕事を進めていく。まさに時間との戦いだ。

作業中はテレビカメラで地上管制局からモニターされている。食事も通常は生鮮食品はなく、地上にいるときのように好きなものをいつでも食べられるわけでもない。また、前述したように微小重力環境下では体液が上半身へシフトするため、その影響がもたらす生理学的な変化は決して快適でない感覚も多い。二酸化炭素除去装置は稼働しているものの、地上より高い二酸化炭素の濃度により頭痛を感じることもある。

また、区画によっては、水再生装置や空調ファンの稼働音が響いて、大型船の動力室くらいに騒音レベルが高い場所もある。地上とは違うトイレの作法もあれば、汗をかいてもシャワーを浴びることもできない。

何より、一歩も外へ出ることができない「閉鎖環境」にいるという心理的ストレスは、個人差はあれ、宇宙飛行士の心理面に確実に影響を与えている。これらストレスへの適切な対処ができるかできないかで、仕事の効率も大きく左右されることになる。

同じ釜の飯を食べることは「心の潤滑剤」になる

宇宙飛行士は、選抜試験の段階からストレス耐性を有していることも考慮されて選ばれる。宇宙飛行士になってからも、耐性を高めるために地上で訓練もしっかり積んでいる。

しかし、どんな宇宙飛行士でも、実際にＩＳＳという閉鎖環境で長期間生活していると、知らず知らずストレスは溜まってくるものなのだ。

そんな環境下で宇宙飛行士が行なう精神的なストレスの解消法には、「時間を確保して、きちんと運動する」「睡眠時間を多くとる」「スケジュールを調整して作業負荷を軽減する」などさまざまある。

それらの方法で対処できることもあるが、これは会社でも同様だと思うが、人間関係が原因で組織のなかで緊張が高まり、それが大きなストレスとなることも当然ある。そういったときには、お互いが精神的にもリラックスしてコミュニケーションできる場を設けることが効果的で、それには**一緒にゆっくり食事をする時間を作ることが大いに役立ったものだ。**

仕事を離れてリラックスしたなかで、各国の宇宙食を持ち寄り、顔をつき合わせて「同じ釜の飯を食べる」感覚で一緒に時間を過ごす。本当に単純なことだが、そこには笑いがあり、一緒にバカ話をしながら、精神的に癒し合える時間が流れる。

とくにＩＳＳのように隔離され、ふだん通りの生活スタイルができない場所で、プレッシャーを抱え、時間に追われながら仕事をしている者にとっては、笑い声が響き合う場を作ることは、非常に重要なことだった。実際に精神的なストレスをやわらげ、結果的にチームとしての結束を高め、仕事のパフォーマンスも上げることができた。

ストレスを減らすことも仕事の一部

第5章

立ち向かう

Fight

プレッシャーと手をつなぐ

英語に相当苦労した宇宙飛行士生活のスタート

正直に言えば、私にとって「宇宙飛行士という仕事」それ自体が常にプレッシャーの連続だったように思う。

最初にプレッシャーを感じたのは、１９９２年、私が28歳のときに、ＩＳＳに設置する「きぼう日本実験棟」の組み立て・運用に備え、当時の宇宙開発事業団（ＮＡＳＤＡ／ＪＡＸＡの前身）の宇宙飛行士候補者に選ばれたときだった。

宇宙飛行士候補者としてＮＡＳＤＡに１９９２年６月に入社。１か月間の新人研修を国内で受けたのち、アメリカのヒューストンにあるＮＡＳＡジョンソン宇宙センターに派遣され、ＮＡＳＡの宇宙飛行士候補者クラスでの訓練を開始した。

きぼう日本実験棟の組み立てを行なうためには、ＮＡＳＡでスペースシャトルの「ミッションスペシャリスト（搭乗運用技術者）」の資格を取得する必要があった。つまり、ＮＡＳＡに認定してもらわなければスペースシャトルに乗ってＩＳＳが浮かぶ宇宙へは行けないのだ。

私の先輩の宇宙飛行士である毛利さん、向井さん、土井さんはすでにスペースシャトルで科学実験を行なう「ペイロードスペシャリスト（搭乗科学技術者）」として訓練を受けていたが、ミッションスペシャリストとしての訓練を受けるのは私が日本人として初めてだった。

ミッションスペシャリストとして認定されれば、複数のスペースシャトルの飛行に搭乗し、スペースシャトルのシステム運用や船外活動、ロボットアームによる人工衛星の回収や、ＩＳＳの建設などのミッションにも従事することもできる。

しかし、日本人初のミッションスペシャリスト候補者としてＮＡＳＡに送り出されたものの、当時の私は宇宙開発の知識はおろか、英語も相当苦労していた。「これで宇宙飛行士の認定試験に落ちて帰国することになったら……」というプレッシャーが、初めてのアメリカでの生活と仕事に慣れるまでの数か月間は常に私につきまとっていた。

毎日、訓練のマニュアルを読みあさって予習復習に明け暮れた。スペースシャトルのシミュレーション訓練やT‐38ジェット練習機による航空機操縦訓練などでは、仲間や教官の英語の会話が聴き取れないために状況を把握できず、心底落胆したことも多かった。

スペースシャトルのシミュレーション訓練では、英語の会話をきちんと聴き取れないことも足かせになって、シャトルを操縦不能の状態にさせてしまったこともある。「本当に宇宙に行けるのか……」と悔しさでいっぱいになった。ホームシックにもなって、自宅に帰る車のなかで、無意識に「はとぽっぽ」の歌を口にしていたこともあった。

だが、**わからないならば、わかるようになるしかない**。とにかくどうすれば英語のコミュニケーションが上達するかを考えた。そのために私がやったのは、訓練中の管制官とのやりとりを録音して、何度も繰り返し聴くことだった。訓練に向かう車のなかでも、ぶつぶつとつぶやいて反芻《はんすう》しながら聴いた。

その結果、何とか1年後、宇宙飛行士候補者訓練課程をクリアして、1993年8月に念願のミッションスペシャリストとしての資格を取得することができた。宇宙飛行士候補者訓練の卒業式にNASA宇宙飛行士室長のギブソンさんからいただいた卒業証書は、たった1枚の紙切れではあったが、私にとっては人生で最も苦労した1年間の末に手にした、重たい紙であった。同時に、これは長いトンネルを抜けた瞬間でもあった。それからはスペースシャトルのシミュレーション訓練も楽しくしてしかたがないようになっていった。

常にプレッシャーと隣り合わせの宇宙でのミッション

私が初めて宇宙飛行をしたのは、1996年1月。スペースシャトル、エンデバー号によるSTS-72ミッションで、種子島から日本のH-IIロケットで打ち上げられた宇宙実験観測衛星「SFU」を、スペースシャトルで回収して地球に持ち帰ることが最大の任務であった。

その回収ミッションにおいて、私はロボットアームの第一操縦者に任命されたのだが、「日米の宇宙機関の関係者が長年にわたりミッション実現に向けて尽力し、貴重な実験装置を搭載したSFUの回収に、日本人初のミッションスペシャリストとして失敗したら……」というプレッシャーをひしひしと感じながら、日々訓練に没頭した。

また、日本人として初めてISSの建設ミッションに参加した2000年の宇宙飛行のSTS-92ミッションでは、前回のSTS-72で一緒に飛行したコマンダーのダフィーさんの指揮のもと、再びロボットアームの第一操縦者を担当した。

アメリカの2つのモジュール「Z－1トラス」と、ドッキングポート「PMA－3」のISSへの取りつけを行なった。この取りつけ機構は、ISSで初めて使われる共通結合装置であった。そのため、宇宙に行く準備の段階から訓練とは別に、運用手法開発のためのシミュレーション試験や運用技術会議に、宇宙飛行士室の代表として頻繁に参加することが要求された。

軌道上のミッション中も、ロボットアームの操縦に必要な画像処理による位置・姿勢測定装置やテレビカメラが電気ショートで使えなくなる事態も発生した。地上でも宇宙でも、次から次に大きな課題の壁に突き当たっては、何とかそれを克服して前進できたが、私にとって非常に大きなチャレンジの連続だった。

2009年のISSでの長期滞在ミッションや2014年のISSコマンダーの任務を任されたときも、もちろん光栄で大きなやりがいを感じた。が、同時に、どちらも日本人宇宙飛行士が初めて任される、あるいは「試される」と言ってもよいかもしれない任務であった。そのため、「ここで私がこれらの重要な任務をまっとうできなかったら、毛利さん、向井さん、土井さんら先輩方をはじめ日本人宇宙飛行士が築き上げてきた、世界からの信頼を失墜させ、日本の有人宇宙開発の発展に対する悪影響にもつながりかねない」などという、じわじわとのしかかってくるようなプレッシャーを常に感じる日々が続いた。

ベストを尽くすと、プレッシャーも感じなくなる⁉

余談だが、私が宇宙飛行士に憧れて宇宙飛行士候補者選抜試験を受けたときには、なぜかまったくプレッシャーを感じていなかった。ヒューストンでの医学検査のときには、毛利さん、向井さん、土井さんに加えＮＡＳＡの宇宙飛行士らの憧れの方々とパーティーでお話する機会があった（じつは、このパーティーでの立ち居振る舞いも選抜に考慮されていたことはあとになって知った）。

当時の私は、のん気にも「本物の宇宙飛行士に会えてサインまでもらえてよかった。これで選抜試験に落ちても本望だ」などと思いながら、その後のヒューストンでの一連の検査や面接を受けたのを覚えている。宇宙飛行士選抜試験の対策問題集なるものもなかったので、当時は自分でどう振る舞うことがベストなのか、自分の何が見られて、何を評価されているのかもまったく見当もつかなかった。

まさに、「まな板の鯉」という心境だった。「どうしたら突破できるかの確信はないが、そのときどきの状況をできるだけ客観的に分析して、とるべきアクションをタイムリーに判断し、その遂行にベストを尽くしたら、あとは運しかない」と思っていた。だから、プレッシャーも感じようがなかったのだろう。逆に、**中途半端で全力を出し切っていないときには、不安を感じてしまうもの**かもしれないとも思う。

プレッシャーを味方にする

何か大きな課題に遭遇したとき、自分の置かれた人間関係も含めた環境全体によって生み出されるのがプレッシャーであると思う。それがストレスになると、行動に悪影響を与える。だが、私の経験上、プレッシャーはいい意味で緊張感と集中力を維持するために役立つとも思っている。

私はどちらかと言うと一夜漬けタイプなのだが、プレッシャーがあっても乗り切れてしまうところがある。**プレッシャーを敵としてとらえるのではなく、いい緊張感としてとらえ、その状態を集中力につなげることがポイントだ。**

課題の優先度をしっかり判断し、今なすべきことから着実に実行していけば焦ることもない。それに、焦ったところで状況は何も改善しない。それぞれ人によって方法論は異なると思うが、プレッシャーを除こうとするのではなく、上手に付き合うことが大切だ。

何より宇宙飛行士は、どんなにプレッシャーのかかるミッションでも、宇宙に行けばそのプレッシャーを上回る感動があることを知っている。だから、どんな問題にも立ち向かっていきたい、と思えるのかもしれない。

プレッシャーを「緊張感」と「集中力」に変える

恐怖に正しく向き合う

「わからない」から恐怖する

リスクや恐怖というのは、その種類や質が違えど、どんな仕事にもあるはずだ。宇宙飛行士が感じる恐怖は、やはり「もし、このまま二度と宇宙へ行けなくなったら……」「もし、任務を失敗したら……」「もし、事故が起きたら……」などが挙げられる。

ただし、「恐怖する」という言葉にはマイナスの印象があるが、重要なことでもある。さらに言えば、**「正しく恐怖する」**ことが大切なのだ。アメリカの思想家エマーソンは「恐怖は常に無知から生じる」という名言を残した。**人間の恐怖や不安というのは、自分がよく知らない、よく理解できない対象からくることが多い。**怖いからこそ、避けようとする。怖いからこそ、その対象について深く考えたり、徹底的に分析することもなく、放置したままにしてしまう。すると、さらに恐怖はふくらんでいく。そんな悪循環によって恐怖は増大していく。だから**恐怖には、まず正しく向き合うことが重要だ。**「何が怖いのか」「何で怖いのか」という点を突き詰めて考えていく。そうすることで、その恐怖が本当に恐れるべき恐怖なのか、自分で確かめることもできるはずだ。

恐怖は、探究心や好奇心にもつながる

恐怖とは、いい意味で解釈すれば、探究心や好奇心にもつながる人間の根源的な心情とも言える。たとえば、宇宙船の致命的な事故のリスクは決してゼロにはできない。宇宙飛行には必ずそのリスクがつきまとう。そこで大切になるのが「危険がどこに潜んでいるのか」「その危険をどうすれば最小限にできるのか」「事故が起きたときにどう対処するのか」といったことを、1つひとつきちんと把握しておくことだ。「恐怖の対象」を整理してとらえることで、恐怖からできるだけ遠ざかるための方法を手にすることができる。

ネガティブな気持ちと上手に付き合う

仲間の成功を喜ぶ自分と、妬《ねた》む自分

宇宙飛行への数少ないチャンスをつかむため、宇宙飛行士の誰もが宇宙を目指して日々、地上での訓練を続けている。しかし、どんなに地上で訓練をしても、ミッションにアサイン（任命）されなければ宇宙には行けない。

だからこそ、一緒に切磋琢磨《せっさたくま》した仲間が宇宙へ飛ぶときは、もちろん自分のことのようにうれしいし、安全なミッションの成功を祈る気持ちでいっぱいになる。

と同時に、「なぜ自分がアサインされなかったのか？」と感じる気持ちは多少なりとも湧いてくる。なぜなら、それだけ自分も頑張ってきたという自信や誇りがどんな宇宙飛行士にもあるからだ。宇宙飛行士も嫉妬や妬みというようなネガティブな気持ちと無縁では

ないのだ。

宇宙飛行は、各国のさまざまな駆け引きによって調整される

ある国の宇宙飛行士が「なぜ、宇宙飛行の機会をほかの外国人の宇宙飛行士に譲らなければならないのか」という憤《いきどお》りを打ち明けてくれたこともある。

また、私も宇宙開発関係者から「若田さんは地上では船外活動の訓練を完了しているのに、なぜ宇宙で実際の船外活動の経験がないのか」と尋ねられることがしばしばある。一方で、船外活動をした仲間から、「地球が足もとにあって息を呑む美しさだった」とか「船外活動は何にも代え難い経験」などという話を聞いていると、自分でも船外活動を経験してみたいという強い願望を感じることも当然ある。

宇宙飛行の機会やミッション中の担当業務に関しては、世界各国の宇宙機関同士のさまざまな駆け引きがあって調整されることがほとんどだ。私もＪＡＸＡの宇宙飛行士グループ長やＮＡＳＡ宇宙飛行士室のＩＳＳ運用部門長（ブランチ・チーフ）を担当していたときに、各国の宇宙飛行士の宇宙での任務に関する調整作業を頻繁に行なった。

たとえば、「今回は、この国の宇宙飛行士が船外活動を何回実施したから、次にその国

の宇宙飛行士が船外活動の機会を得るまでには、他国とのバランスを考えると、ある程度の間隔を空けるべきだ」といった国際調整がされるなど、実際は宇宙飛行士個人の意志や希望を汲んで調整できる部分は限られている。ISSのプロジェクトにおいては、参加国ごとに異なるISS共通運用経費の負担割合によって、各国の宇宙飛行士の飛行機会の割り当てが決まっている。

また、船外活動に関して言えば、船外活動用宇宙服にヘルメットの水漏れなど、何かトラブルなどが発生したとする。その場合、宇宙服システムの安全確認が完了するまでは、何か緊急事態で船外活動を実施する必要が発生した場合はアメリカ人だけしか船外活動をさせたくない、といったNASAの意向なども影響する。

自分で「変えられないこと」ではなく、「変えられること」に注力する

ISS計画における国際間のとり決めのもと、ISSのきぼう日本実験棟が打ち上がり、運用を開始した2008年以降、日本人の宇宙飛行士もISSで長期滞在ミッションを行なえるようになった。

しかし、ISSでの長期滞在が開始された2000年11月から約8年間は、米ロの宇宙

飛行士以外では1名のドイツ人宇宙飛行士しか長期滞在を行なっていなかった。これは、ISSの長期滞在をある国の宇宙飛行士が開始するためには、該当国の実験室などのモジュールがISSに設置され、機能確認を経て運用できる状態になっていることが条件となっていたためである。

宇宙飛行士の資質としての観点から、半年間にわたるISSでの長期滞在において、軌道上でのさまざまなシステムの運用を行ない、さらにはコマンダーとしてクルーのチームを率いていく資質を十分有していても、今までは国籍が米ロ以外であればISS長期滞在の飛行機会が与えられるまで待たなければならなかったのだ。

自分のコントロールが及ばない国際調整や、大きな慣性とともに、ときに遅々として思うように進んでいかない有人宇宙計画における飛行機会の獲得の難しさなどに、落胆の気持ちを覚えることも、宇宙飛行士としての仕事を続けていくなかで経験する可能性は高い。

そのようなときに重要なのは、落胆するのではなく、あらためて自分の置かれた状況や立場をきちんと分析して、**「今、自分にしかできないことは何か？」「自分に課せられた使命は何か？」を明確にしたうえで、自ら課題を定め、日々を過ごしていくこと**だと言える。

人生のなかで、自分ではどうしようもない、自分では動かしようのないことはたくさんある。だからこそ、**「自分の努力で変えていける部分」**と**「自分の力ではどうしようもない部分」を明らかにして線を引いておく。**そこを常に意識しながら生活していくと、ネガティブな無力感に引きずられることなく、自分の努力しだいで確実に結果が変わってくることに注力できるようになり、積極的な気持ちを保ちやすくなるはずだ。

そして、その境界線をしっかり認識することで、自分でどうすることもできない部分は潔くあきらめることもできる。ただ、その「あきらめる」という意味は決して後ろ向きなことではない。今の自分がただちにコントロール「できる」か「できない」をはっきりさせるのは、**「自分が今、努力すべき場所、努力すべき方向」をきちんと認識すること**でもある。集中すべきことに集中し、無駄なことに執着する時間をなくすわけだ。そうすれば、今、自分が置かれている状況の幸運な部分にもあらためて気づくこともあるだろう。

「今に生きる幸運」を教えてくれるガガーリンの言葉

近い将来、宇宙飛行士たちは、月や小惑星、そして火星への有人探査に挑んでいく。そして未来の宇宙飛行士たちが、いつの日にか太陽系外へも人類のフロンティアを切り拓いていくときがくるだろう。

そのときに備えて、水・空気再生システムの開発、放射線被ばくからの防護、無重力環境での生活が人体に与える影響など、さまざまな技術開発や医学的な課題を解決していくことが、地球低軌道を浮かぶＩＳＳでの長期滞在ミッションの重要な目的の1つだ。

人類で初めて宇宙飛行を成し遂げたユーリ・ガガーリンは、次のような言葉を残している。

「明日は何が可能になるだろう。月への移住、火星旅行、小惑星上の科学ステーション、異文明との接触……。今は夢でしかないことも、未来の人びとには当たり前のことになるだろう。だが、こうした遠い惑星探査に我々が参加できないことを落胆することはない。我々の時代にも、幸運はあったのだ。宇宙への第一歩を記すことができたという幸運だ。我々のあとに続く者たちに、この幸運をうらやましがらせようではないか」

この言葉は、自分が生まれた時代や環境など、自分をとり巻く状況に感謝し、自分に今、与えられている仕事を果敢に続けていくことの大切さを教えてくれる。そして、難しい状況や問題に出くわしたとき、それに立ち向かう気力と勇気を与えてくれる。

そして、宇宙開発に限らず、どんな仕事においても、**「今、自分がその役割を任せられている幸運」**をあらためて感じさせてくれるのではないだろうか。つい不満を抱いてしまうようなことがあったときでも、まずは周囲への感謝を忘れないでいたい。

「今、自分ができること」に注力する

自分を認めてもらうために、できること

「求められていること」と「やりたいこと」が同じベクトルを向くこと

組織のなかで仕事をするうえで、「周りの人間から認めてもらいたい」と思うのは自然な願望だろう。

「アイツに任せて大丈夫だ」「アイツなら信頼できる」と思ってもらえれば最高だ。少なくとも「失敗もするかもしれないが、アイツならそれを乗り越えることができるだろう」「一緒に切磋琢磨して仕事ができる」と思ってもらえると、自分もその期待に応えようとモチベーションも上がる。

人は認めてもらって、初めてチームワークの輪のなかで自信を持って行動できる。上司は部下を認めて、初めて仕事を任せることができる。もちろん、一朝一夕《いっちょういっせき》でその信頼関

係を構築することは不可能であり、できることからコツコツと、ということになる。

そうやって**人から認めてもらうために大切なのは、「今、自分が何を求められているか」を常に意識し、把握しておくことである。**そして、「相手が自分に何を期待しているのか」を認識することが不可欠だ。それによって、解決すべき課題と、その優先度も見えてくる。

「自分が置かれた状況」を、きちんと把握したうえで仕事をするのとそうでないのとでは、当然成果も違ってくる。また、たとえ結果が思わしくなくても、その状況判断に誤りがない限り、すぐに信頼を失うことを避けられる。

一方で、自分が相手の要求を理解したつもり、ということもある。たとえば、「これでいいだろう」と考えていたやり方が最初から間違っているなどだ。そのような相手と自分の認識がズレていることはよくある。とくに仕事上、自分を過信してしまっていると、「これしかないだろう」と前しか見ずに進めがちになる。そうならないためには、相手との認識をポイントごとにきちんと確認していくことだ。

よいタイミングを見つけて、進捗を上司や同僚にこまめに確認しながら、自分を軌道修正しながら仕事をしていく。これは遠回りなようで、じつは時間を無駄にしない効率的・

効果的な方法であると思う。

また、**人に認めてもらうには、自らも人を認めることも大切である。**そうすることで、相手が自分に求めていることも自然と見えてくるからだ。

まず、「今、自分が何を求められているか」を認識すること

「先が見えないとき」の進み方

「自分ではどうすることもできないとき」、どうするか？

仕事や人生を考えたとき、今、自分が置かれている状況が希望通りの人もいれば、そうでない人もいるだろう。ただ、１つ確実なことは、状況は常に変化していく、ということ。そして、**その状況は自分の努力しだいで変えていくことができる**、ということだ。

たとえば、自分なりの夢や目標を設定して、それに向かって進もうとしたとき、このルートが一番近道でいいなと思っていても、そこを通れない場合がある。状況によっては、そのルートを通るのを許されないこともある。

このようなことは、宇宙飛行士の仕事でもある。たとえば、スペースシャトルのコックピットの最前列のシートに座る船長やパイロットは、アメリカ人でないと任されない役割だった。アメリカ人以外の宇宙飛行士はどれだけ適性があっても努力しても無理なのだ。

また、どれだけ情熱をもって訓練を続けていたとしても、一度事故が起きれば、有人宇宙飛行計画は大きくスケジュールが変わる。実際に、スペースシャトルのチャレンジャー号やコロンビア号の事故のときには、いつ飛行が再開されるかわからない状況が長い間続いた。先が見えないなか、宇宙飛行士たちは訓練期間を過ごさなければならなかった。

宇宙開発大国のアメリカやロシアの宇宙飛行士のなかには、候補者として選抜されても、一度も宇宙飛行を経験せずに転職する人もいる。不測の事態が多い宇宙開発の現場では、人生設計が描けないという理由も多いという。

そのような状況にあって、私が心に留めてきたこと。それは、**今、自分が置かれた状況と自分に与えられた役割のなかで、今できること、今なすべきことをしっかり見極め、ベストを尽くして、それを実行すること**だった。

たとえ今の自分が、目標に向けて当初考えていた道筋から少し外れた立ち位置にいるとしても、その歩みを止めずにいることで、そこでしか得られない貴重な経験を必ず手に入れられるはずだ。いつの間にか、その経験が自分の血肉となり、自分でも思ってもみなかったチャンスに巡り合ったり、意外なスキルが身につくことだってある。

与えられた環境のなかで、始点から終点までベストを尽くす。その気持ちを持続させながら、夢や目標を常に明確に持ち続けることができれば、巡り巡ってチャンスは必ず訪れる。

そして、あとから振り返ってみれば、遠回りしたように思っていたその道筋も、歩む価値が十分あった尊い道程と感じる。自分にとっては必要なステップであって、結局は目標や夢を叶えるうえで通るべきルートだったことに気づくこともあるだろう。

夢や目標に向かうルートは1つではない

私たちは、夢や目標に向かうとき、スタート地点からゴールまで一直線に進むようなイメージを持ってしまいがちだ。しかし、実際は右や左に迂回しながら進むことも多い。それにゴールにたどり着くルートやその方法論というものは、決して1つではなく、案外、自分が思っているよりもたくさんあるものだ。

人生にはさまざまな局面がある。場面場面を切り取ってしまえば、山もあるし谷もある。でも何より、今、自分が置かれた環境のなかでどこまで頑張れるかが、その後の人生の成果に大きく反映される。その意味では、人生のすべての局面が軽んずることのできない大事なポイントだとも言える。

もう1つ付け加えるならば、**頑張ること、努力することは、それ自体が目標ではない。目標はあくまでも自分が目指すゴールであるべきだ。**そしてもし、その歩みのなかで行き詰まったり失敗があれば、努力しているポイントや方向性を変えてみる柔軟性と勇気も必要だ。

始点から終点までベストを尽くす

挫折したときは、「原点」に立ち戻る

先が見えないなか進まなければならない、つらさ

挫折《ざせつ》とは無縁の人がいたとしたらうらやましいが、人は生きている限り、心が折れそうな出来事を少なからず経験するものだと思う。私も例に漏れず、今までの自分の人生を振り返ってみると、挫折や悲しみを経験してきた。

小さいことを並べたらキリがないが、宇宙飛行士として強い衝撃と悲しみを味わったのは、2003年2月に起きたスペースシャトル、コロンビア号の空中分解事故だった。以前の章で記したが、コロンビア号は地球への帰還のため、大気圏再突入した際に空中分解して墜落し、7名の仲間の宇宙飛行士たちが亡くなった。彼らとは一緒に宇宙飛行をしたことはなかったが、ヒューストンのジョンソン宇宙センターの宇宙飛行士室では長年一緒

に仕事をしてきた仲間だった。

ＮＡＳＡの宇宙飛行士は皆、この事故で同じ釜の飯を食ってきた仲間を失った大きな悲しみと、スペースシャトルの飛行が無期限で中断されたことへの不安を一緒に抱えることとなった。

先が見えないのに進まなければいけない。これほどつらいことはない。当時は、殉職した仲間と過ごした訓練の日々を何度も思い出した。事故直後から事故原因の究明、飛行再開に向けた作業を進めていくなかで、心の奥に深く暗雲が立ち込めているような、つかみどころのない不安を強く感じていたことをよく覚えている。「もし、自分がコロンビア号に乗っていたら……」と思わずにはいられない自分もいた。

当時、息子は幼稚園に通っていた年頃だったが、コロンビア号の事故のテレビ報道を何度も目にしたり、幼稚園の先生方や同級生から慰めの言葉をかけられ、幼いながらも父親の仕事が事故や死とは無縁ではないことに気づいていたようだった。それからというもの、私が海外へ出張するときなど、息子は私が宇宙へ行くと勘違いしていたのか、「死なないで帰って来て」とよく玄関先で不安そうに見送るようになったことを思い出す。

なぜ、自分はこの仕事をしているのか？

家族の視点であらためて考えてみると、宇宙飛行士という仕事は家族が受けるストレスも大きい。コロンビア号の事故の前には、チャレンジャー号の事故があっただけで、スペースシャトルは確率的には300回に1回程度は事故が起きると言われていた宇宙機だった。しかし、2003年のコロンビア号の事故が起き、113回で2回の大事故を経験し、死亡事故の確率はその時点で57回に1回程度という、予想を超える高い確率のものとなってしまった。

そこで私が「宇宙というのは夢であり、ロマンであり、人類に貢献する大切な仕事」と御託を並べたところで、それはあくまでも宇宙を目指す者からの見方である。宇宙飛行士の家族みんなが、宇宙飛行を同様にとらえているとは限らない。

任意だが、NASAの宇宙飛行士は万が一のために、宇宙飛行の前に遺書を書くことが慣例となっている。私も過去4度の宇宙飛行の前には遺書を準備したし、「仮に私がここで死んだとして、保険金がいくら支払われて、家族はどうやってその先の人生を生きていけるだろうか」など、いろいろ考えた。

また、ISSでの長期滞在ミッションに任命されれば、1年の半分を出張のために家を空け、帰ってきても朝から晩まで訓練や準備に追われる日々になる。息子の立場で考えても、私が息子と接する時間はふつうの父親と比べて圧倒的に少ないだろう。その分、父親としての責務を妻に任せている部分も多い。

そのため、家庭の営みという意味では、夫として、そして父として、その責任を十分に果たしているかと自問すると、自分自身で納得できないと感じるときもあった。「引退したら時間はできる」とも思うが、過ぎ去った時間は戻らない。

そんなふうに考えたときに、あらためて自分のなかで追究してみたのは、**「なぜ自分はこの仕事をしているのか?」**ということだった。仕事というのは、世の中で人が生きていくため、または社会が機能していくために、それぞれの役割を果たすということがベースとなっていると思う。では「なぜそこで、自分は宇宙飛行士を選んだのか?」という原点に立ち戻ってみた。

私の場合、何が原点になっているかと言えば、幼少時代からの「空を飛ぶことへの憧れ」「空を飛ぶ物体への興味」「未知なる宇宙への好奇心」といった点だろう。その気持ちを持ち続けた結果、航空機の技術者としての仕事につながり、非常に幸運にも宇宙飛行士としての仕事へと私を導いてくれたように思う。

宇宙飛行士はたくさん苦労もあるが、無我夢中で追いかけたい仕事である。そして多くの支えがあって、私はこの仕事を続けることができている。自分なりに分析すると、**原点を問い直して、自分自身で今の仕事を続ける理由に納得できているからこそ**、私は歩みを止めず、壁があってもそれを乗り越えていけるのだと思う。

挫折感や悲しみ、不安感は、無理に打ち勝とうとするよりも、まずしっかりと向き合うこと。それが次の扉を開けるための重要な期間となるのではないだろうか。自分の原点を振り返ってみることで、新たなスタートラインに立つことができる。

自分に問い直すことで、納得した一歩を踏み出せる

第6章

つながる

Connect

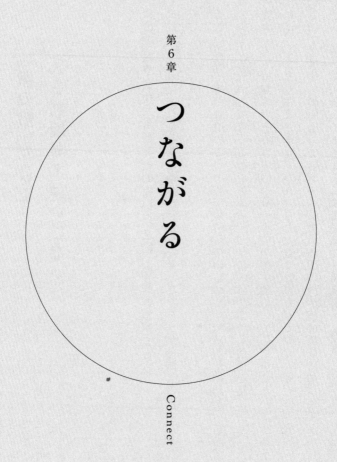

「卵の殻」だけで人を判断してはいけない

人は国籍や文化、宗教などの違い以上に、個性の差が大きい

人はそれぞれ生まれも育ちも違う。だからこそ、考え方も価値観も習慣も、あれこれ違ってくるのは当然だ。

これは至極、当たり前のこととして理解しているつもりではあるけれど、当然であるがゆえによく忘れがちになることでもある。ときに人は、この大前提を脇に置き、人間関係のなかで本来は無用であるはずの怒りや不安を相手に抱いてしまうことがよくある。

私は、これまでさまざまな国の人たちとともに仕事をしてきた。とくにＩＳＳの運用は15カ国が参加する国際協力プロジェクトだ。各国の科学技術政策に基づいて進められてきている計画であるから、当然そこには国策による利害関係も影響してくる。各国の宇宙機関に属する宇宙飛行士たちは、それぞれの国の政策を背負ってＩＳＳのプロジェクトに参加しているという意識を強く持っている。

それゆえ、お互いの国の違いをまったく意識しなくなる、ということはあり得ない。これが完全に民間レベルの活動で多国籍企業が参加するようなプロジェクトであったなら、国の違いよりも各企業の文化や利害の違いが支配的になるのだろう。

しかし、私がこれまで多国籍の人々と仕事をしてきた経験から言えば、人が誰かと付き合うときに生じる相違点には、国や企業、人種や文化、宗教などの違い以上に、個人のオリジナリティの差が圧倒的に影響している、と強く感じる。

たとえば、**人を「卵」として考えると、国籍や習慣、文化などの違いは「殻」の部分にしか相当せず、人の思考や行動パターンの大部分を占めるのが卵の「中身」、つまり個性と私はとらえている。**

そのように考えると、何か意見の相違があったときに、「この人はアメリカ人だから、こう考えるんだ」とか「この人はこの宗教だから、そう言うんだ」というような「殻」の部分だけでステレオタイプに相手を判断しようとすると、本質的な状況分析の妨げになる。

これは日本人同士で仕事をする場合でも同様だ。会社ごとに企業文化は異なるし、同じ会社の人間同士でも部署や役職が違えば立場や役割も変わる。すると、その属性によって思考や行動パターンも異なってくる。

また、出身地、幼少期からの家族構成、学校生活、スポーツや音楽活動など、どのような集団活動に参加してきたかなども、その人の考え方や行動に少なからず影響を与える。とは言え、それらも「殻」の部分であって、最終的にその人の思考や行動パターンを形成するのは、個性によるところが大きいように感じる。

ただし当然、さまざまな国々の人と一緒に仕事をしていくなかでは、相手の国の習慣、文化、言語、歴史などを知ることも大切だ。比較文化論ではないが、相手がどんな背景で育ったかを知ることで、相手を多少なりとも理解する助けになるからだ。

「違い」を認め、「違い」を生かす

コミュニケーションとは、異なる個性と個性が交流し、よりよい関係を築き、チームとしてうまく機能していくために必要なプロセスとも言える。自分の卵の殻を破って、自分自身を相手にさらけ出す。同時に、相手には先入観を排除して心を開き、いわば腹を割って相手を理解しようと努める姿勢が不可欠だ。

「何を言っているんだろう?」「何でわかってくれないのだろう?」と、こちらが相手を責めるとき、得てして相手も同じように感じているものだ。いったん自分の意見を横に置いて、相手の立場に立って、相手の考えや意図を理解するよう努めてみることから「相互理解」はスタートする。相手が発信しているものをきちんと汲み取る。いわば、**相手が投げたボールを一度キャッチしたうえで、投げ返す**。この繰り返しだ。

それはもちろん、手放しで相手に賛同するということではない。考え方の相違があれば、自分の意見をきちんと伝えればいい。逆に、そこですぐに溝が埋まらなくても、意見の相違を発展的にとらえることが大切だ。相違を知ることは、自分が新たな視点を得られるいいチャンスと考えれば前向きにもなれる。そのような姿勢を通して、相手との違いを認識しながら、お互いの個性の違いを尊ぶ気持ちも生まれるのではないだろうか。

コミュニケーションは、まず「相手と自分は違う」という認識が出発点である。また、組織においては、チームに存在するそれぞれの「違い」によって、作業の効率性の向上や、ときには大きな問題に直面した際に、突破口につながるさまざまなアイデアが生み出される可能性もある。「違い」は、チーム全体としての能力をより高めるための財産と考えるべきであろう。さらに言えば、何が違い、何が同じかという点を明確にしたうえで、メンバー全員の価値観のベクトルを、チームが目指すべき方向にまとめていくのがマネジメントに携わる者の役目だ。

私がＩＳＳでコマンダーを務めたときも、クルーにはそれぞれさまざまな「違い」があった。だが、ベクトルは「ミッションの成功のために全力を尽くす」という同じ方向を向いていた。**機能的なチームの必要条件の1つは、お互いの違いを認識し、1つの目的のために結束できること**である。

国境のない宇宙だから感じたこと

私がコマンダーとしてＩＳＳに滞在していたときに、人間は個人の主義主張、国や文化、イデオロギーの違いを越えて協調できるものだと実感したことがあった。

２０１４年2月末に、ロシア軍がウクライナ南部のクリミア半島を事実上、掌握し、クリミア自治共和国を一方的に編入した。同年3月9日、私がコマンダーに就任する直前にウクライナ危機が勃発した。アメリカを中心とする国際社会が厳しい経済制裁を科すなか、ロシアも応酬する結果となった。

欧米とロシアの緊張状態はＩＳＳでも決して無縁ではなく、とくにロシアとアメリカのクルーの間では問題に対する立場の違いがあり、わだかまりも生じていた。私は「今日は皆で一緒に夕食を食べよう」と声をかけ、食事をしながらこの状況について話し合った。

結果、あることに私たちは気づくのだった。それは、クリミアを巡って緊張が高まっている地球上には、ＩＳＳにいる私たち６人はいない、ということだった。つまり、地上で緊張状態が続いているなかだからこそ、ＩＳＳにいる私たちがしっかり仕事をする義務がある。宇宙開発の発展だけでなく、平和のためにも、私たちが一致協力して今の任務に集中してあたることが使命だ、という結論に達したのだ。そのため、私も含め６人のクルーは、「明日からも頑張ろう」という前向きな気持ちになれた。

こんなときに、当事国であるアメリカやロシアではなく、日本人である私がコマンダーを務めていることに、何かの縁を感じながら、「違い」を理解し合う大切さを実感した。

「個の違い」を理解するプロセスは、お互いの尊重につながる

コミュニケーションの基本は、簡潔・明快であること

コミュニケーションは、言葉だけではない

ＩＳＳの長期滞在を行なうためには、英語とロシア語の習得が要求される。私は１９９２年に日本人宇宙飛行士候補者として、ＮＡＳＡジョンソン宇宙センターに派遣された。当初、シミュレーション訓練のときなどに、仲間のアメリカ人宇宙飛行士の英語が聴き取れず、また思うように自分の考えを効率的に英語で表現できず本当に苦労した。

同様に、２００６年にモスクワ近郊のガガーリン宇宙飛行士訓練センターでの訓練を開始した頃も、ロシア語の習得にかなりの時間を割いた。そんなとき、思っていることをうまく伝えられないという経験を何度もした。

ロシア語の会話能力がミッション遂行に十分と認められるまでには、５００～６００時

間の語学訓練の履修が必要となると言われている。ふつうの日常会話ならまだいいが、これが緊急時などになるとまったく異なってくる。緊急時を想定した訓練では、会話は戦争映画のやりとりさながらとなるからだ。

なかには、訓練する宇宙飛行士の会話能力の不足が原因で、訓練期間が延びて経費がかさんだ、というクレームが訓練実地機関から出たケースもある。だから、英語とロシア語の会話能力は常にレベルアップを目指さなければならない。

しかし、今振り返ると、**「うまく伝えられない」と感じたのは単に語学力だけの問題ではなかったように思う。こちらの伝える意識や工夫によるものも大きい気がする。**なぜなら、母国語である日本語でも、思っていることをうまく伝えられないこともあるからだ。

顔の見えない状況で求められるのが「効率的なコミュニケーション」

地上でのシミュレーション訓練や軌道上のＩＳＳでのミッション中など、いわゆる「システム運用」の仕事をする際、効率的なコミュニケーション能力が要求される。

たとえば、宇宙船内でのクルー同士の会話でもそうだ。しかし、このときはお互いの顔を見ながら意思疎通ができる。一方、世界各国の地上管制局とＩＳＳとの間で交信する場合は、相手の顔が見えない状態で音声だけでのやりとりしかできない。このような場面では、とりわけ効率的なコミュニケーション能力が必要とされる。

ＩＳＳでは各国のモジュールや作業内容において、管轄する地上管制局が異なるので、ヒューストン（アメリカ・テキサス州）、ハンツビル（アメリカ・アラバマ州）、つくば（日本・茨城県）、ミュンヘン（ドイツ）、モスクワ（ロシア）といった世界5か所の地上管制局と、毎日通信をしながらＩＳＳの運用を進めている。また管制局の管制官は交代制なので、常に同じ人間とコミュニケーションするとは限らない。

ＩＳＳと管制局との間では、さまざまな情報が飛び交う。そのようななか、仕事を予定通り円滑に進めるためには、コミュニケーションはまず簡潔で明快でなければならない。**「自分たちが置かれている状況」「わかっていること」「わかっていないこと」「疑問」「自分たちの意志」**などをはじめ、クルーの健康状態や心理状態、ＩＳＳの各システムや実験装置などの状態を、限られた時間内に的確に地上管制局側に伝える必要がある。また同時に、最小限の通信内容で、管制局からの作業指示を正確に理解して実行することも求められる。

とくに船外活動や宇宙船とＩＳＳとのドッキングなど、地上管制局との緊密な連携を要する作業の場合は分刻みで進むため、じっくりと話す余裕はない。さらに、火災や急減圧などの緊急事態が起きた場合、焦って会話がしどろもどろになってしまうようでは命取りにもなりかねない。だからこそ、状況に応じて常に効率的な、簡潔・明快な説明ができるかが重要になってくる。

簡潔・明快なコミュニケーションが大事なのは、宇宙飛行士に限ったことではない。たとえば、日々の報告や相談、会議や商談のプレゼンテーションなどのビジネスシーン、講演の質疑応答のような場面でも言えることだ。

簡潔・明快というポイントを押さえている人の会話は、テンポもよく理解もしやすい。これはトレーニングによって習得できるスキルだ。ふだんからそのポイントを意識してコミュニケーションをとろうとすることで、よりスムーズな意思疎通が図れるようになっていくと思う。

効率的なコミュニケーションは、訓練で習得できる

建設的なコミュニケーションが信頼を生む

有人宇宙開発の現場で敬遠される言葉

「不可能」「そのうち」「あきらめる」「しかたがない」……。**有人宇宙開発の現場では、このような非建設的で否定的な言葉や考えは敬遠される。**

宇宙開発は、人類の未知の可能性を追究する取り組みだ。失敗や計画中断や変更も少なくなく、不確かな未来を見据えながらも長期的視点に立って進んでいかねばならないプロジェクトである。そのような状況のなかで、目の前の仕事を一歩一歩、日々遂行していくうえで、「不可能」「そのうちに」とは言ってられないのだ。

自分の言葉や態度は、自分にも他人にも影響を及ぼす。とくに宇宙飛行士の仕事は仲間とのチームワークや連携が重んじられる仕事だ。チームの士気を高いレベルで維持しながら仕事を進めるためには、建設的で前向きな姿勢をいかに持続させていくかが重要になる。

その点は、ＩＳＳでコマンダーとして指揮をとったときも留意していた。なぜなら過去の宇宙飛行の歴史のなかでも、非建設的な言動をあらわにしてしまったがために、その瞬間に信頼関係が失墜してしまい、その後のチームのコミュニケーションがうまくいかなくなったケースをいくつか見てきたからだ。

非建設的な言動は、意識して避ける

それがまずいことだと頭ではわかっていても、そのように振る舞ってしまうことはある。たとえ悪影響しか生まないと頭では理解していても、「わかっちゃいるけど……」というのも人間でもある。そうなる原因の1つには、非建設的な思考や態度が習慣になってしまっている可能性が高いことがある。

とくにＩＳＳという閉鎖空間のなかで、心理的ストレスが高い環境に長期間いると、どうしてもネガティブな思考や言動が抑えられなくなる傾向がある。また、本人が意図していなくてもネガティブな表現を用いたことによって、受け取る側からは非常に批判的だと感じられるケースもある。

このような言動は、じつは宇宙飛行士としてのキャリアを続けるうえでは致命的である。宇宙飛行士は、非常に強い心理的、医学的ストレス環境下でチームとして結束して、常に安全に心がけて作業していかなければならない。1人の非建設的な態度で、仲間や地上管制局との間で信頼関係を維持できなくなってしまうのは、ミッションを遂行するために大きなマイナスになる。そこに注意を払えない、また価値観を高く持てない者は、宇宙飛行士としては厳しい評価を受けることになるのだ。

自分1人だけでやれる仕事ならまだかまわないかもしれないが、会社組織などチームのなかで仕事をしているのであれば、周りとのコミュニケーションを円滑に維持することを妨げるような、非建設的な姿勢や言動は避ける必要がある。

私の場合、もし非建設的な思考や言葉を持ってしまっていそうだと感じるときには、そこに至った経緯と現状を分析し、建設的な思考に軌道修正を試みるよう意識している。心理学者のウィリアム・ジェイムズの言葉が、こう示しているように。

「心が変われば、態度が変わる。
態度が変われば、行動が変わる。

行動が変われば、習慣が変わる。
習慣が変われば、人格が変わる。
人格が変われば、運命が変わる。
運命が変われば、人生が変わる」

言葉や態度は、自分にも他人にも影響を及ぼす

「怒り」や「不満」は、隠さず、溜めず、前向きに伝える

感情は、適切にコントロールする

人が感情をあらわにすることは、マイナスなこととして評価されがちである。とくに怒りや不満といった感情を顔に出したり、言葉にしたりすることは、はばかられるべきで、我慢できずに伝えたところで、あまりいい影響はないと一般的に考えられている。

だからと言って、無理に隠して相手に同調ばかりしていると「何を考えているのかわからない」と逆に勘ぐられたり、無理に感情を押し殺して溜め込めば自分のストレスにもなる。

宇宙での仕事は、「作業環境」という点で、強いストレスがかかる場所だ。地上での訓練を積み重ね、強いモチベーションを持った宇宙飛行士であっても、数か月以上にわたる

長い宇宙生活の心理的なストレスは誰もが少なからず経験する。愚痴っぽくもなれば、怒りっぽくもなることもあり得る。だからこそ、自分の感情をうまくコントロールする必要が出てくる。

ただし、「コントロールする」と言っても、別に怒りや不満をなかったことにするのではない。むしろその逆で、**怒りや不満という感情を、状況の改善のために然るべき相手にきちんと伝えるということも1つの方法である。**

「怒り」は、ときに改善のための手段になる

ＩＳＳと地上の各管制局との交信は、平日は毎朝の定時交信から始まり、夜の定時交信まで、作業中のさまざまなことで終日行なわれている。前述したように、ＩＳＳの地上管制局はヒューストン、ハンツビル、つくば、ミュンヘン、モスクワの世界5か所だ。各国の地上管制局もＩＳＳの時間に合わせて動いているので、3交代のシフト制を敷いている管制局が多い。また、各国の管制官の多くとは、実際にお互い顔を合わせたことがない。

そんな地上管制局との音声通信だけのやりとりのなかで、前のシフトの管制官にすでに伝えて合意していることを、交代した次のシフトの管制官がまた同じ質問を繰り返してく

るようなこともある。要するに、シフト間の引き継ぎがうまくいっていないように感じられるのだ。

相手に悪気がないことはわかるし、相手の同じ質問に繰り返し答えてもいいのだが、それがたび重なると、やはり第一に効率的な作業とは言えないし、宇宙飛行士側のストレスも溜まる。

そんなときには、「そのことは、前の担当管制官に言ったはずだ。きちんとシフトの引き継ぎをやってほしい」という趣旨のことを、きちんと伝える場合もある。なぜなら、それが何回も続くということは、管制局側がその重要性に気づいていない可能性もあるからだ。

こちらが真剣に感じていることを、相手は意外と軽く考えていた、ということもある。だから、こちらは「チーム全体としての作業パフォーマンスを上げていくために、そんな小さな時間の使い方もとても大切に考えているんだ」ということを、相手にしっかりわかってもらわなくてはならない。

ただし、ここで注意したいのは、**感情にまかせて怒りをぶつけるのではなく、こちらが不快に感じているのを、ときと場合に応じて、声のトーンや言葉の表現で丁寧に、建設的**

に伝えることだ。そうすることで、相手にとっての重要度も高くなり、問題の改善につながるケースも少なくない。

怒りや不満といったネガティブな感情は、それをそのまま攻撃的に表現すると、まず間違いなくマイナスの結果をもたらす。しかし、そのような感情をコントロールしたうえで、**ときにはユーモアを交えながら意識的に表現することは、「真剣さ」を伝えることになる。**そんな真剣なコミュニケーションによって、お互いのさらに強い信頼や理解につながっていく。

怒りは「真剣さ」として表現する

簡単に伝わらないからこそ、「相手への好奇心」が入口になる

ロシア人と日本人の子どものコミュニケーションから学んだこと

ＩＳＳと地上管制局とのやりとりで難しいと感じるのは、やはり声しか伝わらないという点だ。顔と顔を向き合わせてのコミュニケーションであれば、ジェスチャー、顔の表情などで言葉を補うことができるし、微妙なニュアンスも伝えたり察したりすることができる。

しかし、声だけではそうはいかない。言葉の選択と発声の抑揚やトーンだけで自分の意図することを効率的に表現するかしかない。とは言え、まだ音声だけでも、文字しかないメールよりは表現の幅は広いかもしれないが……。

ただし、コミュニケーションはそれらだけで成り立っているわけではないと感じた出来

事があった。

私はISS長期滞在の訓練を開始する前、6週間にわたってロシアの一般家庭にホームステイしてロシア語没入訓練を行なった。日中はモスクワの大学の先生から集中的なロシア語特訓を受け、夜はホームステイ先で日常会話を学び、夜遅くまで宿題に精を出す毎日だった。私はまだ片言だったロシア語を何とか操り、徹底的にコミュニケーションを図ってロシア語の習得に努力した。

別の機会にそのホームステイ先の家庭に、妻と当時8歳だった息子と一緒に訪問したことがあった。そのご家族にも同じ年頃の息子さんがおり、子ども同士でどんなコミュニケーションをするのか観察していると、それぞれ英語とロシア語で言葉は通じなくても、気持ちを身振り手振りで、また顔の表情で伝え合っていた。テレビゲームから屋外での虫とりまで、限られた言葉による意思疎通にもかかわらず、意気投合して遊んでいたのが印象深かった。

いつもなら少しの言葉で簡単に通じることが、なかなか相手に伝えることができない。ふつうならストレスを感じて会話や遊びをやめてもおかしくない。ただその2人の場合は、伝わらないことすら楽しんでいるようで、飽くことなく、たどたどしいコミュニケーションを続けていた。

彼らはたまたま気が合って、遊びの延長でやりとりを楽しんでいただけなのかもしれない。ただ、その楽しそうな様子は、コミュニケーションとは、手法やツールのうんぬんを言う前に、**何よりお互いへの好奇心を入口につながろうとすることが一番大切**なのだと感じた。

言葉以上に、まず「つながる意識」から

「ユーモア」が持つ計り知れない力

知らないうちに空気を和ましてくれたロシア人の小噺《こばなし》

「ジョークが好きな国民」と言うと、アメリカ人というイメージがあるかもしれないが、その点ではロシア人も負けてはいない。ロシアの場合は「アネクドート」と言って、いわゆる小噺をコミュニケーションのネタとしてたくさん持っている人が多い。ロシアの文化の1つとでも言えるのだろうか、お酒を飲むときも、何か1つ小噺を披露してから、笑わせて、それで乾杯するといったようなことがある。

小噺の内容は、上司や姑《しゅうと》にまつわる冗談も多い。私が知るロシア人の宇宙飛行士の多くは、もう子どもの頃からの叩き上げなのか、たくさんの小噺で笑わせてくれた。

また、私の上司に、どんなときでもダジャレを言う人がいた。いわゆる親父ギャグみたいなレベルで、「正直、あんまり面白くないなぁ」と思うこともある。それでも周りの反応は気にせず、続けることに意義があるという感じで、懲りずに披露する。すると、その姿勢にだんだんこちらも感化されるのか、何となく面白く感じてきてしまうこともある。何よりその人の周りを和ませようとする努力が素晴らしく、ダジャレのセンスのない私は見習いたいと思っている。

ユーモアは場の空気を好転させる

あらためて思うのは、ユーモアはその場の雰囲気を好転させる力を持っているということだ。そして困難を克服するときにも、高いレベルでプラスに作用する。また人間関係を円滑にする潤滑油にもなる。

適度な緊張は仕事に必要だが、余計な力やプレッシャーで気が張っていると、失敗しやすくなるものだ。宇宙飛行士のなかにはコメディアンみたいな人もいて、とくに緊張する時間が多い宇宙の仕事では、仲間をリラックスさせてくれる人間の存在は大きい。

「笑うこと」に大きなプラスの効能があることは、心理学でも脳科学でも証明されている。

宇宙飛行士も笑ってリラックスすることの価値は共有しており、お互いややもすると忘れがちになる「笑う時間」を積極的に作ろうとしている。

私がコマンダーとしてISSを指揮したときも、ユーモアはとくに意識をしたことの1つだった。ただ私の場合は、気の利いたジョークは得意ではないし、披露できるような小噺のストックもないので、宇宙での食事の時間によく仲間には自分の失敗談を話した。

自分の失敗談なら自分も笑って話せるし、誰も傷つけることはなく、他人に話すには無難だ。相手も人の失敗なら心を開いて聞きやすい。

ISSではONとOFFの区別がつきにくいため、食事の時間もどうしても話題が仕事の話になりがちである。私の失敗談を仲間が面白がって聞いてくれたかどうかは自信がないが、なるべく話題を仕事から離して、クルーの頭と心をリフレッシュしてもらうという点では役立ったと思っている。

「笑うこと」の効能は万国共通

「否定的な指摘」をしてくれる仲間を大事にする

建設的な組織は「否定的な指摘」ができる

自分の舵取りや仕事のしかたに間違いがあったとき、修正しなければならないのは当然のことだ。しかし、その手前でもっと大切なのは、**まず「どこに間違いがあったか」に気づかねばならないこと**である。

間違いをタイムリーに自分で気づくことができれば一番よいのだが、他人に指摘されない限り、なかなか自分では気づけないことも少なからずある。また、家族ならまだしも、友人や同僚の場合、よっぽどそのミスが自分に直接的な被害が及ぶようなことがない限り、率直にわざわざ否定的な指摘をしてくれる人は少ないのではないだろうか。

宇宙飛行の地上管制局の運用の現場では、軌道上のクルーに対するネガティブなフィードバックは避けるべきだ、という考え方は強い。とくに世界各国の地上管制局のスタッフのなかでは、宇宙飛行士の士気が低下する恐れもあるので、宇宙にいる宇宙飛行士との通信中は、非常に気をつかいながら、批判的と感じられるような発言を控えている傾向が見られる。

また一般的に、大きな組織になればなるほど指揮命令系統に関係のない、いわば並列の関係にある組織間では、お互いになかなか否定的な指摘はしにくい。

ただ、やはり「これは大事なことなので指摘しておかなければ」というものもあるので、そんなときは、**「伝え方」が重要なテクニックとなる。**

誰しも批判だけされるとカチンときてしまうものだ。たとえ相手が善意を持っていたとしても、指摘された側は素直に受け取りにくい。ただそこに何か建設的な要素があれば、オープンマインドになって耳を傾けやすくもなる。

こちらも単に相手に誤りを指摘することが目的ではなく、きちんと相手に誤りを認識して修正してもらうことが目的であるならば、やはり相手が心地よくこちらの意見を聞いて、受け入れてくれるような建設的な批判をするべきだろう。

批判をしても、納得し合いながら最善の方法にたどり着いたケース

あるときの地上訓練で、建設的なやりとりができたと感じたことがあった。それはNBL（無重力環境訓練施設）と言われる巨大なプールで船外活動の訓練をしていたときのことだ。

この訓練は宇宙での船外活動を想定して、全長約62メートル、幅約30メートル、深さ約12メートルの巨大なプールに船外活動服を着て潜水する。水中の浮力は宇宙の無重力と近い感覚を味わえるからだ。プールのなかにはISSを模した各モジュールのモックアップ（模型）が沈められている。

その日の訓練内容は、日本実験棟きぼうの外側に備えつけられている船外カメラの交換を行なうというものだった。手すりに命綱をかけて、決められた時間のなかで作業を終えなければならない。トレーナーも管制室で、こちらの作業の一挙手一投足をチェックしていた。

そのとき、私は水中で体を安定させるための足場の確保に困っていた。すると一緒に潜水していた、船外活動のスペシャリストであるアメリカ人宇宙飛行士のマストラキオが、「船外カメラの支柱にロープのついた金具をつければ体の動きが拘束されて十分安定する

よ」とアドバイスをしてくれた。

これは船外活動の手順書にはなかった手段だが、とてもいい方法だと思い、私は早速、管制室にその方法を試していいか尋ねてみた。管制室にいたトレーナーは、その行為に問題がないか確認を急いだが、結局その確認に時間がかかってしまう事態になった。マストラキオは「確実に作業を行なうためだから問題はないはず」と主張し、結局、私は管制室の正式な許可をもらわないまま、マストラキオのアドバイスに従って作業を行なった。

いいアドバイスだったとマストラキオに感謝した。おかげで体をうまく安定させることができ、すべての作業を無事、時間内に終えることができたからだ。

ところが、訓練を終えてからの反省会で思わぬ展開になった。管制室にいた女性のトレーナーが、「ロープの金具の使い方について問題がある」と言ってきたのだ。彼女の言い分は、船外カメラの支柱は、ロープの金具をつける想定で作られていないので、柱を傷つける可能性があったというものだった。「あなたたちの意図は理解できるが、あのロープの金具の使い方は好ましくない。あの方法を認めるには、各方面へのいろんな調整が必要になるからだ」というリスクを率直に指摘してきた。

作業時間のタイムリミットを気にするあまり、マストラキオと私が、彼女の最終的な判断を仰がないまま、マニュアルにはない方法を採用したこともあり、一見すると彼女は少々気分を害しているようにも見受けられた。だが、彼女なりにこちらの考えにも理解を示したうえで、彼女が置かれている立場においてきちんと建設的に意見してくれたようだ。マストラキオも私も反省し、「わかった、もうやらないよ」と彼女の意見に同意した。

ただ私はそこで、さらに彼女にフィードバックした。それは、「金属製の金具ではなく、繊維質のロープ自体を支柱に巻きつければ、支柱を傷つけることはないのではないか」ということだった。それに対して、彼女も「それは画期的なアイデアね」と同意してくれた。

このやりとりは、建設的なフィードバックを重ねるなかで、お互いが納得し合い、理解し合いながら、最善の方法を探していくことができた、という成功例の経験として私の心に残っている。

上下関係があっても大切にしたい「フィードバックし合える人間関係」

とくに部下を持つような立場になれば、相手に指摘しなければならない場面も多くなる。人によっては、褒められることのみを望むタイプの人もいるし、ネガティブなアドバイスを素直に受け入れるのに苦労する人もいる。

ただ、**ネガティブなことでも、きちんとした言い方と工夫で相手に建設的に指摘できれば、今まで以上に相手との信頼関係も高まる**ものだ。

人は間違いに気づかないまま、また間違いを誰にも指摘されないまま突き進むことがある。そんなときは結局、先述したように「失敗に学ぶ教訓（lessons learned）」になるわけだ。

でも、できれば失敗する前に軌道修正しておくのがベストというものだ。そのためには、**日頃からフィードバックし合える人間関係を作り、自らの問題点を率直に指摘してくれる仲間を持ち、そうした人間関係を築いて維持しておくことが重要となる。**

人間関係はやはりギブアンドテイク。だからこそ自分もその人の問題点に対して、同じように率直で前向きなフィードバックをしてあげられる人間でないといけない。

褒めてくれる仲間以上に、否定的な指摘を率直にしてくれる仲間を大切にしたい。ただし、この関係性は一朝一夕で築けるものではない。まず、チームのなかで、ふだんから忌《き》憚《たん》のない意見やフィードバックをお互いに言いやすい雰囲気を作っておくことが重要だ。そのためには、ポジティブなものだけでなく、ネガティブなものも、相手からのフィードバックは柔軟に受け入れることである。

私がリーダーとして心がけたのは、「**称賛はただちに。建設的批判は慎重に**」という点である。そのためにも、相手に単なる批判と受け止められないよう、まずネガティブなフィードバックは、個人そしてチームの改善のために不可欠だという価値観を仲間と共有しておくことだ。

ネガティブなフィードバックを相手に伝えることは、つい避けてしまいがちだ。だが、それもチームとして前に進むためのコミュニケーションには必要であることも忘れてはならない。

建設的なフィードバックをし合える人間関係を築いていく

第7章

率いる

Lead

私が憧れ続けたリーダー「ダフィー船長」

彼の指揮下だと、難しい仕事でも知らないうちにスムーズに運ぶ

私が目指すリーダー像を考えたときに、いつも思い浮かぶのはブライアン・ダフィーという元NASAの宇宙飛行士だ。

彼は、私の1回目と2回目のスペースシャトルでの宇宙飛行のときの船長で、アメリカ空軍のテストパイロットだった。でも軍人だからと言って、ダフィー船長は「俺についてこい！」というような強面《こわもて》なタイプではなく、どちらかと言うと自己主張は控えめで、「優しい頼れる兄貴」のような存在だった。

彼との宇宙飛行のときによく不思議に思ったのは、彼の指揮下で仕事をしていると、難しい作業でも、知らず知らずのうちにスムーズにものごとが進み、気がつくと任務が成功

裏に完了していた、ということだった。

当時のスペースシャトルによる宇宙飛行は、2週間程度の短期間のミッションがほとんどだった。限られた時間のなかで膨大な作業をこなすものが多く、軌道上では毎日分刻みのタイムスケジュールでミッションが行なわれた。

スペースシャトルのランデブー用のレーダーが故障したり、電源系のショートでロボットアーム操作用システムが使えなくなったりするなどのトラブルが発生したときは、「予定していたISSの組み立て作業ができるのか?」という不安が募る時間もあった。だが、彼のもとで仕事をしていると、地上管制局との綿密な連携でトラブルを克服して、気がついたら作業がきちんと終わっているのだ。

1人ひとりのメンバーの能力を生かす「リーダーのフォロワーシップ」

訓練の合間に彼と話したときに、彼が考えるリーダーの在り方として、「**Trust but Verify（信ぜよ、ただし確認せよ）**」というモットーがあることを聞いた。つまり、部下の任務遂行能力をきちんと把握、確認したうえで、その部下を信頼して仕事を任せる、ということだ。

しかしその一方で、任務を確実に成功させるために、主担当者が作業できないような状態になったときに備え、いつでもバックアップの人員配置ができるように、チームとしての作業遂行能力の維持を確保しておくことも欠かせない。地上での訓練時や宇宙飛行中のダフィー船長の言動を振り返ってみると、その原則を徹底していることに気づく。

たしかに彼はふだんの何気ない会話のなかでも、積極的にクルー全員とコミュニケーションをとっており、訓練の進み具合や、ミッションに向けた課題や問題点、その克服方法についてさまざまな意見交換を行なっていた。また、新人の宇宙飛行士の個人的な悩みや不安などにも耳を傾けてくれ、親身になってアドバイスしてくれる時間をとることを惜しまなかった。

今振り返ると、**チーム全員のそれぞれの資質や能力、考え方や性格を詳細に把握して、**宇宙へ出発する前から、**チーム１人ひとりの能力をいかに統合すれば、想定される、あるいは予期できないトラブルに対してベストな対応ができるか**を彼は見抜いていたように思う。

彼は、宇宙飛行の最中にも、常にクルーの各人がどこで何をしているのかをしっかり把握していた。クルーが仕事に追われているなかでも絶妙な合間を見極めて、ピーナッツバターでサンドイッチを自ら作って皆に配ったり、休憩するよう声をかけてくれたりするのだ。それによって、分刻みのスケジュールに追われる緊張感のなかにも、一瞬リラックスした雰囲気を作り出してくれた。

部下に専任のミッションを与えたときには、その部下を後方支援する側に回って、部下の1人ひとりをいかに支えるかを考えながら行動してくれるリーダーだった。まさに、かゆいところに手を伸ばしてフォローしてくれる船長だった。

私が目指したのは「空気」のような存在のリーダー

ダフィー船長は、チーム全体のモチベーションが下がったとき、また何かのトラブルで緊迫した状態になったとき、誰がどんな行動をするかということも含めて個々の能力を把握している。そうすることで、どんなふうに部下を動かしたらいいか、その適材適所を正しく心得ていたのだろう。

それが、彼の作るチームの配置に従って仕事をしていると、メンバーは自然と仕事がスムーズに運ぶ理由ではないかと思う。言い換えれば、じつに、**リーダーシップとフォロワーシップのバランス**がとれたチームリーダーだった。

ストレスをはじめ、さまざまな負荷がかかる宇宙空間において、技術的にも複雑でかつ多様な作業を、少人数で構成される宇宙飛行のクルーが効率的に遂行していくためには、クルーの1人ひとりが状況に応じてリーダーとフォロワーの両方の役割を果たせることが要求される。

チームの全体的な観点においては、**リーダーは確固としたリーダーシップを発揮しながらも、部下の作業を見守り、支えるフォロワーとしての役割を演じること**も、チームのそれぞれが持つ力を発揮するためには肝要だ。

一方、部下はリーダーを補佐するフォロワーであるが、「自分に任された仕事」のなかではその責任者、すなわち状況的なリーダーとも言える。適切なリーダーシップを行使して、自分が任された作業を進めていかなければならない。と同時に、チーム全体の指揮をとるリーダーに対しても、盲目的に従うのではなく、状況に応じて適切な助言を与えることができる「積極的」なフォロワーとしてリーダーを支えていけるかどうかが、強いチームの条件となろう。

誰がリーダーかよりも、チームにとって仕事がうまく進んできちんと成果を出して、しかもチームの皆が高い士気を維持して、長期間にわたって仕事を続けることができればよいわけである。そういった意味では、私が目指すリーダー像は、**なくてはならない不可欠なものだけれど、ふだん仕事をしているときにはその存在を強く感じさせない、たとえれば「空気」のようなものだ。**リーダーシップとフォロワーシップは表裏一体であり、相互に作用する。それぞれのバランスのとれた状態が理想だ。

信じる。しかし、それが正しいかどうかは確認する

和のリーダーシップ

ISSのコマンダーに求められる能力

私はISSでの長期滞在ミッションにおいて、指揮をとるコマンダーとしてクルーを率いた際、**「ハーモニー（和）」を大切にするチーム作り**を目指した。

リーダーシップとひと口に言っても、さまざまなスタイルがある。たとえば、トップダウンの強い牽引力で「俺についてこい！」というスタイルの指示命令を重視するリーダーシップ。それとは逆に、自分の考えや、やり方を押しつけることなく、チーム全体の意見を取り入れることを重視する民主的な調整型リーダーシップなどもある。

ISSのコマンダーで最も要求されるのは、**「状況に応じて目的に合わせた適切なリーダーシップのスタイルを行使できる能力」**だと、私は考えている。

コマンダーは、それぞれのクルーが持つ能力を引き出すと同時に、ＩＳＳのシステムの運用と、実験・観測などを通したＩＳＳの利用ミッションという目的を、チーム全体として最大限に達成するのが役割である。そのために、適切な舵取りを、長期間にわたって安全、確実に遂行していかなければならない。

とは言え、それは口で言うほど簡単なことではない。ＩＳＳの長期滞在ミッションで一緒に飛行する各国の宇宙飛行士たちは、宇宙飛行士候補者として選抜される前の段階で、すでにそれぞれの専門分野で優秀な成果を上げ、競争を勝ち抜いて宇宙飛行士になった人間たちだ。

彼らは宇宙飛行を遂行するための資質、能力に富み、そして高い士気にあふれる集団である。だが、ある意味、「自分がベストだ」と思っている者たちが集まる世界とも言える。そのようなメンバーたちが、それぞれの力を出し切ってハーモニーを奏でることができるチームを作っていくためには、綿密な準備が必要だ。

目指したのは、個人の力がチームと同じ方向のベクトルに向かうこと

ＩＳＳの長期滞在ミッションでは、実際に宇宙へ飛ぶ2年半ほど前にクルーが決まる。

そのなかには顔見知りもいれば、まったく初対面の人もいるわけだが、その時点からISS長期滞在に向けた訓練や準備、調整会議などが集中的に始まる。

コマンダーを誰にするかは、日米ロ欧加の「多極間クルー運用パネル」と呼ばれる宇宙飛行の調整会議で決定され、搭乗するクルー全員と一緒に任命される。つまり、コマンダーの立場で言えば、自分が任命されて、一緒に宇宙へ行くクルーが決まった時点から、地上で自分のチーム作りを始めることになるわけだ。

私が目指したチームの方向性は、**「目標に向かって、メンバーそれぞれが持つ力を発揮することで、チームとしての最大限のパフォーマンスにつなげる」**というものだった。個々の優れた知識や技量を発揮することを重んじつつ、その個々の力がチームの力として同じ方向のベクトルに向かって結集されることを目指した。

そのためには、メンバーが「今回の宇宙長期滞在ミッションで何を目指しているのか」をまず知る必要があった。たとえば、ある者は「今回の宇宙飛行でどうしても船外活動を経験したい」とか、ある者は「次回の宇宙飛行には、自分がコマンダーに任命されるよう経験を積みたい」とか、またある者は「宇宙から見える、さまざまな地球の表情を写真に収めたい」など、宇宙に行くモチベーションは細かく分ければ人それぞれである。

また、メンバーには「自分のユーモアのセンスをチームの雰囲気作りに生かしてほしい」というポジティブな気持ちだけでなく、「ロシア語で話す必要がある状況では緊張しやすいので不安がある」など、人に言いづらい極めて個人的な不安もあるかもしれない。

そこで、**リーダーが仲間の持つ希望や不安の気持ちを汲み取って、彼らの目標の実現のために支援をしてあげることができれば、自然にメンバーとの信頼関係も強くなる。**ひいては、それがチームの結束を強くできる。

個の力を出し切り、ハーモニーを奏でるチーム

「そもそも、なぜこのチームはあるのか？」を忘れない

自分にとっての「当たり前」から一歩踏み出る

チームの雰囲気としては、個々の意見は自由闊達《かったつ》に言い合える環境を心がけた。慣れ合いや妥協を避け、チームとしてベストだと思うアイデアを気兼ねせずに自由に言い合える。最終的に、個々の意見が折り合わないときも、私はコマンダーとして「チーム全体としてのあるべき方向」を見出しながら議論の決着を図っていく、そんな雰囲気を目指した。

そんな自分が目指すチームの実現のためには、**そのチーム像にメンバーが共感して、価値観を共有してもらうこと**も欠かせなかった。

コマンダーとしての役割を果たして帰還した今、振り返ると「国際クルーのチーム作り

はなかなかひと筋縄ではいかない」と、あらためて感じている。宇宙飛行中のＩＳＳ利用の成果、ＩＳＳのシステム故障からの回復や機能維持、さらに宇宙飛行士各自の業務における満足度などを含めた全体的な観点から見ると、自分が当初から目指してきた方向に近い形でチームの舵取りができたのではと思っているが、反省することもある。

やはり、人間はそれぞれ異なる考えや価値観を持っており、どうしたって一致しないことも出てくる。私も正しく相手を理解できていなかったと感じるときもあれば、相手も自分を理解してくれていないなと思う場面もあった。

これは宇宙飛行士の仕事場に限ったことではない。会社という同じ組織のなかでも、セクションや立場が違えば、当然だと思っていたことが当然ではなくなり、意外だと感じられたことが意外ではなくなるケースはしばしばある。多国籍の人間たちが集まる組織ではなおさらだ。だが、そんな自らが作った枠から踏み出る必要がある。

人を率いる立場の人間ほど、機会があるごとに「そもそも」に戻る

今後、日本人は国際社会におけるさまざまな環境やイデオロギーのもとで調整していく能力、問題を解決していく能力を試される機会に遭遇することが多くなるだろう。

そして、それにともなって、リーダーシップを発揮していかなければならない場面がどんどん増えていくと思う。そのためにも、ふだんから自分が当たり前のように根ざしている環境から一歩出て、より俯瞰的な視点から状況を鑑みる力を養うことが大切だと感じている。

とくに仕事上の組織では、単に仲よくすることがゴールではない。リーダーは組織の目的に沿った作業の優先順位を考えつつ、その目的に効率的に到達するために多様な意見をタイムリーに調整しなければならない。

その重要性をはっきり自らが認識できてさえいれば、八方美人なイエスマンではなく、必要なときには確信を持って「ノー」が言える調整力を発揮できる。

使える時間や人的リソースは限られている。自分やチームが今しなければならないことは何なのか？　今日中、明日中、今週中、今月中になすべきことは何か？　また、今ではなくてもよい不要な作業は何か？

現状の把握が難しくなってきたら、必ず「そもそも」に戻る。そうやって組織の目的、それを実現するための優先順位（これは状況に応じて変化することも多々ある）を把握し直すことは、人を率いる立場にいる人間ほど大切だ。このことは、ＩＳＳのコマンダーや宇宙飛行士室での管理職の経験からも強く感じている。

チームの「目的」と「優先順位」を常に把握する

チームの意識は「THEY」ではなく、「WE」に

「板挟みの状態」を解決するのもコマンダーの仕事の1つ

ISSの運用、利用計画はすべて、地上のISS計画管理部門が立案・決定している。作業計画の基本は、計画を管理する地上管制局側の指示に、軌道上のISSの現場が従うという流れになる。

だが、計画の最適化という観点から考えると、地上管制局の意図が軌道上の宇宙飛行士にうまく伝わっていないケースがある。逆に、地上ではISSの詳細な現状把握が困難なため、宇宙飛行士から見ると不合理な指示が出される場合もある。このように、宇宙飛行士と地上管制局の要望などが交錯することがある。

そんな板挟みになるのもコマンダーの「役割」の1つと言えよう。私は、会社で言う中

間管理職のような立場を、地上での訓練時も、ＩＳＳが浮かぶ地上高度４００キロメートルの軌道上でも経験した。

地上管制局は常時、監視できる各システムの状態を示すテレメトリやビデオ映像、クルーからの口頭での報告をもとにＩＳＳの状況をできる限り把握するよう努めている。しかし、それらの情報だけでは判断しにくいことも多い。

だからこそ、ＩＳＳの現場で働いている宇宙飛行士は、自分たちの置かれた状況を客観的なデータとともに、「生身の人間として感じていること」を主観的に伝えていかないと、行き違いが生じ、地上管制局との予期せぬ組織間の「心理的なトラブル」も生じかねない。

コマンダーとしては、たとえばクルーの希望とは大きくかけ離れた地上からの指示をクルーに無理強いしたり、または地上をないがしろにして現場のクルーの希望通りに仕事を進めるようなことはもちろんできない。

だからと言って、クルーと地上の双方が十分な意思疎通を図ることなく、納得しないまま無理矢理に決着を図ると、当然あとになってシコリが残る。そのシコリによって、のちのちまでミッションの遂行に悪影響を及ぼすことすらある。意見が相反するなかにあって、クルーと地上管制局のそれぞれの意図を調整し、お互いが納得する着地点を見出すよう努めることもコマンダーの仕事の1つだった。

地上とISSの認識のズレを埋めた、ある解決策

ISSの長期滞在も大詰めとなった滞在159日目、アメリカの物資補給船「スペースXドラゴン」の打ち上げが延期になった。「4日後に打ち上げる」と地上管制局から連絡が入ったが、そのスケジュールで作業を進めるとISSにいる我々は休日返上で仕事にあたらなければならなくなる。

なぜなら、補給船が打ち上げられてISSに到着するまで、我々はただ待ってればいいわけではなかったからだ。ISSの外部カメラと船内モニターの動作チェックや、補給船にコマンドを送る操作パネルの設置、補給船を捕獲するロボットアーム操作の最終訓練など、補給船を安全にISSにドッキングさせるために、事前に周到に準備を整えるという仕事が必要だった。

補給船がISSに接近すると、「カナダアーム2」というロボットアームで補給船を安全確実にキャッチして、ISSの指定されたドッキングポートに確実に固定しなければならない。ロボットアームの操作を誤って、ロボットアームやキャッチした補給船をISS

の構造に衝突させたりすれば大事故にもつながるので、最初から最後まで気の抜けない緊張する作業が続く。

また補給船が着いたら、その翌日から数日間は、補給船から物資をＩＳＳ内へと搬出する膨大な作業もある。つまり、補給船の打ち上げに関するＩＳＳ側の仕事は、打ち上げが予定通りに行なわれれば、休日の大半を食い潰してしまうことになるわけだ。

このときの地上管制局の判断は、打ち上げスケジュールの遅れもあり、「土日は作業を継続し、休日の取得日を、日曜の補給船ドッキングとその3日後の水曜の船外活動実施後まで延期することもやむなし」という立場だった。

ただ、ＩＳＳのクルーの一部からは、「滞在日数が5か月以上も経過して疲れも溜まっているなかで、休日はきちんと休まなければミスが出る」といった懸念の声もあがった。一方で、「休みを取るより、週末も通して仕事をしていたほうが気が楽だ」というクルーもいた。

休日の返上は一見すると些細なことで、「休みたい」と主張するクルーのほうが何となくわがままに聞こえるかもしれない。しかし、ＩＳＳという閉鎖環境にいるクルーの肉体的および心理的なストレスを考えると、休むことは非常に大切な行為だ。

とくにその週は、ISSの外部に取りつけられているコンピュータが異常停止して、その交換のための船外活動の準備やドッキング中のロシアの物資補給船「プログレス」の飛行実験など、ISSでは重要なミッションが続いており、我々は過酷な勤務状況をこなしている最中だった。

補給船の打ち上げのスケジュールの遅れを挽回したい地上管制局と、地上が考えている以上にストレスが溜まっていることを主張するクルーとの間で、補給船の受け入れスケジュールに関して意見が対立した。また、クルー間でもアメリカとロシアでその週末に行なう作業の必要性が大きく異なることも状況をさらに複雑にさせた。

私は、何度か地上と交渉を続けていたが、このまま私が1人で地上と話し合って妥協点を模索するより、自分たちのストレスの状況をクルーたちの口から直接、地上管制局に説明したほうが伝わりやすいと考えた。

また、我々が軌道上では把握していないデータや計画の意図に関する背景を地上管制局から直接クルー全員が聞き取ることで、運用スケジュールに関するコンセンサス（合意）に到達するための時間も短くて済むと判断した。それであれば、たとえ地上管制局の指示を受け入れる結果になっても、一方通行ではなく双方向のやりとりがあるのでクルーは納得しやすいと感じた。

　そのため、通常はコマンダーが中心になって地上管制局のフライトディレクターやISS管理部門のマネジャーと意見交換を行なう場に、私は状況を判断した結果、クルー全員を出席させ、積極的に発言させた。

　結局、1時間近くの話し合いの末、補給船の到着する前日の土曜日は受け入れに必要最小限の作業だけを行なって、日曜日に補給船をドッキングさせること。そして、船外活動を実施後の翌木曜日に半日の休みを取得することにして、補給船の受け入れ作業をすることに決まった。

　自分が些細なことだと思っていても、相手にとっては大きな問題だということはある。だからこそ、どんな問題でもそれがチーム全員に少なからず好ましくない影響を与えるものであれば時間の猶予がある限り十分に話し合うことは大切だ。その話し合うプロセスによって、課題解決のためのメンバー間の価値観の共有が図られ、チームとして機能し始める。そして、ときに話し合うことで、出した答え以上にそのプロセスが大きな意味を持つことは少なくない。

じつは、地上管制局のあるヒューストンの管理部門との直接の交信機会を延長して、ロシア人のクルーを含むクルー全員で作業スケジュールに関する徹底的な話し合いの場を設けたのは、原則を破る判断だった。だが、お互いが納得するまで、あと腐れなく話し合えたことは、各国のISS運用チームのさらなる結束にもつながった。そして、結果的に厳しい作業スケジュールを協力して乗り越えることができ、それによって地上管制局とISSのクルー双方の信頼関係の強化にもつながった。

ただし、チームを率いるコマンダーとしては、地上からの要求が合理的だというときは、仲間のクルーを説得する場合もある。好かれることがリーダーの目的ではない。それに全員から好かれることを目指すと、リーダーは機能しない可能性が高い。何よりリーダーは、チームをまとめて、成果を上げるためにいる。

チーム作りに欠かせないのは、「WE」という感覚になること

宇宙にいる宇宙飛行士と地上管制局のスタッフの間では、働いている場所は違えど、ミッションを成功させるために一致協力している意識が強くある。常に一緒に仕事をしてい

る「同じチーム」という感覚で、「WE（私たち）」と言い合える同じグループ意識を持っている。

しかし、今回のような見解の違いが生じてこじれてしまったり、心理的なストレスが高まっているときなどは、お互いへの理解や配慮が不足して、**双方が双方を「異なるチーム」であるという感覚を持ち始めてしまうこともある。お互いを「WE」としてとらえる感覚から、互いに相手を異なるチームとしてとらえる、「THEY（彼ら）」として意識するようになるのだ。**

私はそんなチーム意識の乖離《かいり》が起こらないよう、問題となる兆候を見逃すことのないように、軌道上、地上管制局側を問わず、ISS運用の現場のチーム全体の「心理状態」を常に把握するよう心がけた。

置かれている状況が違う者たちが信頼関係を築き、維持していくためには、自らが正しいと信じることはしっかり主張する。相手に何を期待するかを明確に伝えれば、はっきりと反応が返ってくるものだ。

それと同時に、メンバーが周囲から心理的に隔絶されるような状況に陥らないことも不可欠だ。だから、リーダーはチーム内外からの反応に敏感であるよう心がけなければならない。そのためには、まず相手の言い分もよく聞くことが重要になる。

円滑なコミュニケーションという点において、相手と接する態度がすべてを決めると言ってもいい。その態度しだいでチーム全体のパフォーマンスが大きく左右される。このようなことを、私はコマンダーを務めたことで、肌で感じた。

しっかりと主張する「口」と、しっかりと聞く「耳」の両方を持つ

愛する

あとがきに代えて

宇宙に行った人の象徴的な視点の変化がある。このことを、スペースシャトルで宇宙飛行したサウジアラビアの王子の言葉が如実に物語っている。王子は毎日飽きることなく、スペースシャトルの窓から地球を眺めて、こんなことを言った。

「窓から地球を眺めていると、誰しもまず初めは自分の生まれた故郷の町を探そうとする。次は、自分の生まれた国全体。2、3日もすると、自分の国がある大陸を見つめる。1週間もすると、地球全体を見る。そして、この地球が自分の故郷だと思うようになる」

誰しも宇宙から地球を眺めると、ふるさと「地球」への愛着を感じる。そして、その地球に存在するものすべてに温かい気持ちが湧き上がってくる。そんな気持ちを言葉にすれば、やはり「愛」という言葉がぴったりくるかもしれない。

広大無辺の暗黒の宇宙空間にいると、否が応でも「自分の存在の小ささ」に気づかされる。その小さな存在でしかない私たちを生かしてくれているのは、眼下に広がるたった1つの青い星、地球であることもあらためて気づかされ、愛しく思う。

地球が育んできた自然、人類が育んできた文明、自分が生まれ育った町や国、両親、家族、友人たち……。自分という人間は、いかに多くの存在のおかげで生かされていることか。

私がそうやって、宇宙から地球を見て味わった感覚をここでお伝えすることができるのも、これまで多くの先人たちが宇宙開発のために積み重ねてきた努力、知恵、情熱があってこそだ。

先人たちがしてきたように、未来の地球に住む人たちのためにも、私もこれからも宇宙飛行士という自分に与えられた役割に全力を尽くしていきたい。その原動力となるのは、私がサインを書かせていただくときに、いつも書いている次の言葉だ。

「夢・探究心・思いやり」

これからも常に自分の仕事に夢を見て、探究心を忘れずに、今日という1日を大切に積み重ねながら周囲に思いやりを持ち、自らの人生を愛していきたいと思う。
最後に、私が仕事に情熱を注ぐことを常に温かくサポートし続け、ともに人生を歩んでくれている家族に、この場を借りて感謝したい。

若田光一

［構成］

岡田茂（おかだ　しげる）

主にテレビ番組や映画の脚本・演出、書籍の執筆・構成等を手がける。宇宙開発関連の仕事に、テレビ番組「宇宙世紀の日本人」（企画・演出／ヒストリーチャンネル）、「月面着陸40周年スペシャル 〜アポロ計画、偉大なる一歩〜」（構成／ヒストリーチャンネル）、「情熱大陸 〜若田光一〜」（ディレクター／MBS）。書籍『宇宙がきみを待っている』（若田光一共著、汐文社）、『大解明!! 宇宙飛行士全3巻』（共著／汐文社）、『宇宙飛行 〜行ってみてわかったこと、伝えたいこと〜 若田光一』（プロデュース・構成／日本実業出版社）。イベント「JAXAリアルタイム交信イベント」（企画／北海道 銀河の森天文台）、「JAXAリアルタイム交信イベント」（企画／神奈川県川中島小学校こども映画製作プロジェクト）、戯曲「宇宙へのマーチ」（作／劇団タッタタ探検組合）などがある。

若田光一（わかた　こういち）

宇宙飛行士。1963年8月1日埼玉県大宮市（現・さいたま市）生まれ。1989年九州大学大学院工学研究科応用力学専攻修士課程修了。その後、日本航空に入社してエンジニアとして勤務。1992年、宇宙開発事業団（NASDA、現・宇宙航空研究開発機構〈JAXA〉）が募集した第2期宇宙飛行士候補に選ばれる。1996年、日本人初のミッションスペシャリストとしてスペースシャトル・エンデバー号に搭乗し、日本の科学衛星の回収などを担当。2000年、スペースシャトル・ディスカバリー号に搭乗し、国際宇宙ステーション（ISS）建設の作業などを行なう。3度目の宇宙飛行となった2009年、日本人として初めて約4か月半もの間ISSに長期滞在した。帰還後、NASA宇宙飛行士室のISS運用部門の部長職に日本人として初めて就任する。2013年の4回目となる第38次・第39次ISS長期滞在ミッションにおいて、第39次長期滞在では日本人初のISSコマンダー（司令官）を務めた。現在は、JAXA有人宇宙技術センター長、ISSプログラムマネジャーを務める。

著書に『宇宙飛行　～行ってみてわかったこと、伝えたいこと～』（日本実業出版社）、『国際宇宙ステーションとはなにか　～仕組みと宇宙飛行士の仕事～』（講談社）、『宇宙がきみを待っている』（汐文社）などがある。

私《わたし》が宇宙飛行士《うちゅうひこうし》として磨《みが》いた７つのスキル

一瞬《いっしゅん》で判断《はんだん》する力《ちから》

2016年9月10日　初版発行

著　者　若田光一
発行者　吉田啓二

発行所　株式会社日本実業出版社　東京都新宿区市谷本村町3-29 〒162-0845
大阪市北区西天満6－8－1 〒530-0047

編集部　☎03－3268－5651
営業部　☎03－3268－5161　振　替　00170－1－25349
http://www.njg.co.jp/

印刷／壮光舎　製本／共栄社

この本の内容についてのお問合せは、書面かFAX（03－3268－0832）にてお願い致します。
落丁・乱丁本は、送料小社負担にて、お取り替え致します。

ISBN 978-4-534-05421-0　Printed in JAPAN